堰塞坝安全监测与预警方法

袁俊平　何　宁　著

科学出版社

北　京

内 容 简 介

本书依托国家重点研发计划项目课题"堰塞坝开发利用理论与安全评价体系"（2018YFC1508505），重点介绍堰塞坝的形成与危害、分类及其概化模型，基于 GB-InSAR 和分布式光纤等新型监测技术及其在堰塞坝工程中的应用、多源信息融合的堰塞坝安全诊断技术、监测的堰塞坝材料参数反演技术以及堰塞坝的安全预警模型与安全指标体系等最新的研究成果，是堰塞坝安全监测与预警方法最新研究进展的系统总结。

本书可作为水利工程、土木工程等相关研究人员和工程技术人员的参考资料，也可作为相关专业本科生或研究生的参考用书。

图书在版编目（CIP）数据

堰塞坝安全监测与预警方法 / 袁俊平，何宁著. —北京：科学出版社，2023.10

　　ISBN 978-7-03-071836-5

Ⅰ. ①堰… Ⅱ. ①袁…②何… Ⅲ. ①堰塞湖—挡水坝—安全监测 ②堰塞湖—挡水坝—预警系统 Ⅳ. ①TV64

中国版本图书馆 CIP 数据核字（2022）第 044819 号

责任编辑：惠　雪　郑欣虹　曾佳佳 / 责任校对：郝璐璐
责任印制：张　伟 / 封面设计：许　瑞

科 学 出 版 社 出版
北京东黄城根北街 16 号
邮政编码：100717
http://www.sciencep.com

北京中石油彩色印刷有限责任公司 印刷
科学出版社发行　各地新华书店经销

*

2023 年 10 月第 一 版　开本：720 × 1000　1/16
2023 年 10 月第一次印刷　印张：12
字数：240 000

定价：99.00 元
（如有印装质量问题，我社负责调换）

前　　言

由于地震、降雨、融雪、火山喷发等原因，滑坡崩塌体、泥石流、冰川堆积物或火山喷发物等阻塞山区的河谷或河床后会成为堰塞体，堰塞体会导致上游壅水形成堰塞湖。天然堰塞体高度可达几百米，主要由松散的土石混合物构成，稳定性差，溃决会形成几米或几十米的突发性的洪水，严重危害到下游的生态环境和人员安全，可能给工程建设及人民经济财产造成巨大损失。然而大量研究表明，如果一年之内堰塞体没有被破坏，则后续溃决的可能性较小，对于这类堰塞体，可以进行资源化利用，实现"变废为宝"。

滑坡形成的堰塞体经综合整治后建成的土石坝在几何形态、材料性质和施工方式等方面，与传统土石坝有显著差异。特别是堰塞体材料的不均匀性强、密实度低、防渗性较弱，容易发生失稳或溃决。因此，对资源化利用的堰塞坝工程进行安全监测并及时预警，就成为保证其施工和运行安全的重要课题。近年来，作者及研究团队依托国家重点研发计划项目课题"堰塞坝开发利用理论与安全评价体系"（2018YFC1508505），取得了一系列成果，本书正是对堰塞坝的安全监测与预警方法相关研究成果及最新进展的系统总结。

本书主要从以下几个方面进行论述：

（1）堰塞坝的形成、危害和分类，以及基于堰塞模式、处置方式、河谷形态等基本特征建立的概化模型。

（2）基于 GB-InSAR 和分布式光纤的新型监测技术及其在堰塞坝工程中的应用案例。

（3）基于多源信息融合理论的堰塞坝的安全诊断技术，包括对监测数据的异常数据处理、降噪处理、特征数据提取以及数据融合判断等方法。

（4）基于监测资料的堰塞坝材料参数反演技术，包括材料参数实时反演方法和考虑材料参数空间变异性的随机反演方法。

（5）基于广义熵值法和神经网络法的堰塞坝安全预警模型，预警指标、预警权重和预警阈值的确定方法，以及基于模糊层次分析法的堰塞坝安全评价指标体系。

期冀本书的出版能助力我国监测与预警新技术、新理论、新方法的发展，为堰塞坝的资源化利用建设提供些许参考。由于水平和时间所限，书中疏漏之处在所难免，敬请指正。

作　者

2022 年 12 月

目　　录

第1章　堰塞湖与堰塞坝概述

1.1　堰塞湖的形成及其危害

河道因滑坡、崩塌、冰碛物、泥石流、火山熔岩流等自然作用堵塞而形成的湖泊，就是堰塞湖（dammed lake；barrier lake）（Costa，1985；刘宁等，2013；中华人民共和国水利部，2022）。

堰塞湖的形成主要有以下几种原因：

（1）地震。由于地震活动，山体发生滑坡、崩塌或泥石流，形成堰塞体。例如，2008年，汶川地震引发宝成铁路109号隧道段山体滑坡，滚落的四五万立方米山石堵塞嘉陵江，形成了嘉陵江堰塞湖。唐家山堰塞湖则是汶川地震引发山体滑坡所形成的最大堰塞湖，堰塞体长803m，宽611m，高82.65～124.4m，方量约为2037万 m^3。

（2）降水。降雨、降雪或冰雪融化造成河道两侧岸坡岩土体力学性质变化，导致发生滑坡、泥石流或塌方等地质灾害，从而形成堰塞体。例如，2010年8月8日，甘肃舟曲遭遇突发强降水，日降水量峰值达77.3mm，导致三眼峪沟和罗家峪沟发生了特大型泥石流，堵塞白龙江形成堰塞湖（赵成等，2011）。2007年7月25日，江坪河水电站左岸梅家台山体因暴雨发生大面积滑坡，形成的堰塞体高30～50m，顺河床方向底宽约260m，方量约72万 m^3（王小波和向锋，2012）。

（3）冰川。冰川消退时，产生冰凌或冰碛堆积体，形成"冰坝"。例如，藏东南波密县古乡错，是1953年由冰川泥石流堵塞而成的。新疆天山天池，是古冰川运动形成了冻碛堆积体，堵塞了山谷的冰雪融水和高山降水，进而形成的。靠近北极的瑞士、加拿大、冰岛等国也常见这种堰塞湖。

（4）火山。火山爆发产生熔岩和固体喷出物（如火山弹、火山砾、火山砂和火山灰等），熔岩流或固体喷出物堵塞河谷或河床后形成堰塞体。例如，黑龙江东南部的镜泊湖，是由5次火山爆发的玄武岩熔岩流堵塞了牡丹江出口，形成了宽40m、高12m堰塞体。1719～1721年，黑龙江德都老黑山和火烧山两座火山喷发，熔岩堵塞了白龙河形成堰塞体，进而形成著名的五大连池。

（5）其他。由于加载、坡脚掏蚀或开挖、水位的骤然升降等原因，河谷岸坡发生滑坡或垮塌，形成堰塞体。

世界范围内 1393 个堰塞湖案例的统计数据（Shen et al.，2020）表明，形成堰塞湖的诱因依次是地震（50.5%）、降雨（39.3%）、融雪（2.4%）、人为原因（2.2%）、火山喷发（0.9%），其他未知原因占 4.7%。由此可以看出，地震和降雨是形成堰塞湖的主导因素，两种成因的堰塞湖约占总数的 90%。

堰塞湖在世界范围内广泛分布，大都位于亚洲、欧洲、美洲、大洋洲的高山峡谷及地震多发地带。全球大型堰塞湖中较为知名的有：1987 年意大利 Val Pola 滑坡堵江堰塞湖，1993 年厄瓜多尔 La Josefina 堰塞湖，1999 年中国台湾南投堰塞湖，2005 年巴基斯坦 Hattian Bala 堰塞湖，2008 年中国唐家山堰塞湖等（Costa and Schuster，1991；钟启明等，2021）。

在我国，90% 以上的堰塞湖分布于环青藏高原的边缘地带，尤其是西南山区和喜马拉雅山区等青藏高原的东缘。在这些地区，金沙江、澜沧江、怒江、大渡河、岷江、雅砻江等河流密集且强烈快速下切，形成山高谷深坡陡的地形，而且该处位于横贯欧亚大陆的地震活动带，地震活动频繁，仅 21 世纪以来发生 7.0 级以上强震就达 23 次，因此，河谷两侧山体容易发生大规模滑坡、崩塌等地质灾害，是堰塞湖的多发地带（王杨科等，2013）。

天然堰塞体高度可达几百米，主要由松散的土石混合物快速堆积形成，因而其结构较为松散，胶结不良，一般处于欠固结状态，整体稳定性差。与人工堆筑的坝体相比，堰塞体没有溢流设施来稳定堰塞湖的水位，也没有心墙或防渗墙等防渗结构，因此堰塞体容易由于漫顶溢流、潜蚀与管涌、边坡失稳而破坏。此外，由于地震原因形成的堰塞体，还常常由于后续地震和地震动水压力作用而破坏。漫顶溢流是堰塞体最主要的破坏模式，据 Schuster（1995）的研究，在 202 个堰塞体的破坏案例中，有 197 个是漫顶溢流，4 个是管涌破坏，1 个是边坡失稳。漫顶溢流的成因分为两种：①库水上涨超过堰顶高程；②堰体破坏造成堰顶高度下降。

堰塞体存在的时间跨度从几分钟到几千年不等，根据其寿命长短，堰塞湖可分为即生即消型、高危型和稳态型三种。其中，1 天或几天内溃决的堰塞湖为即生即消型，几天到 100 年溃决的堰塞湖为高危型，溃决时间超过 100 年的为稳态型。据不完全统计，80% 以上的堰塞体都在 1 年内溃决（Costa and Schuster，1988；柴贺军等，2001；Ermini and Casagli，2003）。即生即消型的堰塞湖，其溃决破坏往往十分迅速，一般只有几小时到几天。当上游来水量较大或降水量较大时，堰塞体下游坡面容易受水流冲蚀而先局部破坏，洪水漫顶后局部破坏会迅速扩大，当冲坑发展到一定规模时，堰塞体就会出现局部失稳并溃决。

堰塞体一旦溃决，会导致堰塞湖湖水瞬间下泄，上游水位陡降容易造成河谷两侧出现塌岸等破坏，而塌岸造成的涌浪会进一步加剧对堰塞体的冲击；堰塞湖大量水体的突然下泄，会形成几米或几十米的突发性的洪水，给下游的生态环境和人民群众生命财产带来灾难性的破坏。例如，1933 年 10 月 9 日，四川叠溪 7.5 级地震造成的海子堰塞湖坝体溃决，致使断流一个多月的岷江突发洪水，冲毁下游两岸农舍田地，造成约 2500 人丧生（聂高众等，2004）。2000 年 4 月 9 日，西藏波密县易贡乡发生巨型山体滑坡，形成易贡堰塞湖，并于同年 6 月 10 日溃决，21 亿 m³ 洪水下泄，溃口峰值流量达到 12.4 万 m³/s，导致我国墨脱、波密、林芝 3 县 90 余乡近万人受灾，印度布拉马普特拉河沿岸 7 个邦 94 人死亡，250 万人无家可归（刘宁等，2016）。

1.2　堰塞坝及典型案例

1.2.1　堰塞坝及其特征

人们通过实践发现，一些经过应急处置后排除险情的堰塞体相对稳定。这类堰塞体不必拆除，可以直接进行资源化利用，实现"变废为宝"。将堰塞体进行合理改造和整治加固，使其成为永久拦蓄水建筑物，可实现堰塞湖的开发利用，具有重大的兴利效益。国内外已经有不少对堰塞体进行整治利用的案例，例如，1935～1950 年，新西兰利用怀卡里莫阿纳堰塞湖开发了 3 座梯级电站，总装机容量达 124MW；1980 年，重庆地震形成的小南海堰塞湖被改建为兼具发电、旅游、养殖的综合水利工程；2007 年，第 2 届萨雷兹堰塞湖问题国际会议上，有学者提出将塔吉克斯坦 1911 年形成的萨雷兹堰塞湖开发为 1 座中等规模的水电站；2004 年，四川叠溪小海子堰塞湖被改建为天龙湖水电站的调节水库；2019 年，云南昭通鲁甸地震引发的红石岩堰塞体，已经完成了永久整治，成为一个集除险防洪、供水、灌溉、发电于一体的大型水利枢纽工程。这些经验告诉我们，实现堰塞体的"兴利除害"整治目标是可行的，对有潜在开发价值的堰塞体进行资源化利用，是今后堰塞体整治的发展趋势。

为了区别天然堰塞体，本书将经过人工整治后的堰塞体称为堰塞坝，即堰塞坝包括堰塞体、河谷岸坡残余滑坡体以及新施工的坝体和防渗体系等。堰塞坝与人工土石坝相比，两者在几何形态、材料性质及施工方式等方面存在明显的差异。

1）几何形态

堰塞体的形态复杂，不像人工土石坝具有十分规则的形态。堰塞体的规模大小与滑坡、崩塌、泥石流地质灾害的规模以及地形地貌等因素有关。统计结果表明，我国的堰塞体多由地震诱发，规模相对较大，高度从数十米至上百米，分布较分散（石振明等，2014），其中，大光包滑坡堰塞体高度可达 690m（王云南等，2016），堰塞体体积的分布大都集中在 $10^6 \sim 10^7 m^3$ 数量级；堰塞体沿河长度和跨河宽度可达为数十米至数千米，其中 100～500m 区间分布最多（叶华林，2018）；堰塞体与山谷地貌之间的关系复杂，包括完全堵江和不完全堵江等不同形式（Costa and Schuster，1988；柴贺军等，1995）。

2）材料性质

堰塞坝利用天然堰塞体筑坝，而堰塞体的材料特性主要表现为级配范围宽，岩性分层、均一性差，密实度较低，防渗性较弱等。

堰塞体的材料和人工堆筑的土石坝一样，也是土石料，但由于其是天然形成的，未经过人为筛选，因此堰塞体的粒径分布极为广泛（图 1-1），其粒径范围可从几微米（如黏粒）到几米（如砾石），不均匀系数可达数百至上千，Castel dell' Alpi 地区堰塞体的不均匀系数更是达到了 30000，而且呈现出了连续性差的特点（Casagli et al.，2003）。

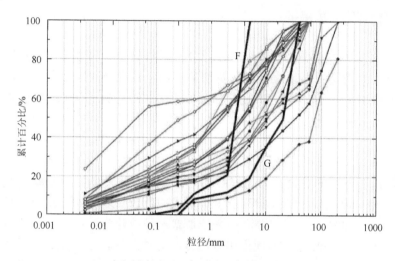

(a) 唐家山堰塞体（罗刚，2012；杨江涛等，2018）

F：细粒组典型级配曲线
G：粗粒组典型级配曲线

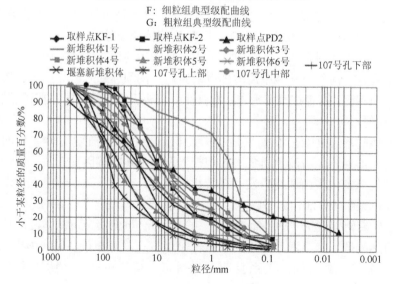

(b) 红石岩堰塞体（程凯等，2015）

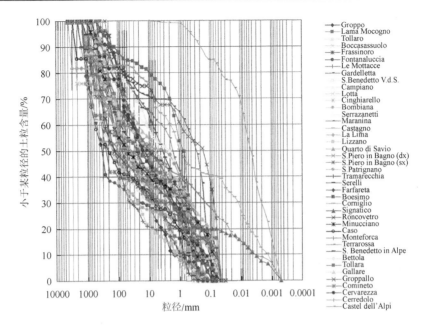

(c) 意大利亚平宁山脉北部42处堰塞体（Casagli et al.，2003）

图 1-1　堰塞体土料级配曲线

　　崩滑体在地震等因素作用下，往往快速下滑并在河床中堆积，结构体并不会完全解体破碎。因而堰塞体虽然空间结构复杂，但在很大程度上仍将保留原坡体岩体结构特点，且具有明显的分层现象（图 1-2）。例如，唐家山滑坡堰塞体物质组成自上而下可分成四层：碎石土层、块碎石层、似层状结构巨石层、灰黑色含泥粉细砂（太薄可忽略）；红石岩堰塞体的地质结构也可以分为两层：堰塞体表层（Q^{col-2}）

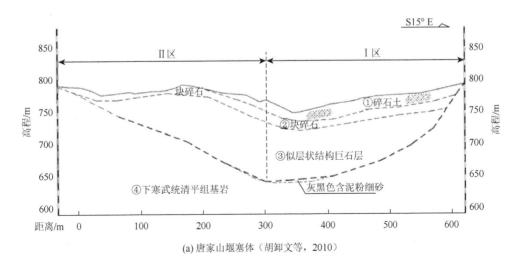

(a) 唐家山堰塞体（胡卸文等，2010）

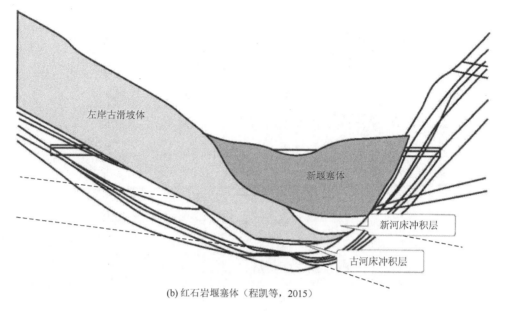

左岸古滑坡体

新堰塞体

新河床冲积层

古河床冲积层

(b) 红石岩堰塞体（程凯等，2015）

图 1-2　典型堰塞体地质剖面图

及堰塞体下部（Q^{col-1}），表层为孤石、块石夹碎石，有少量砂土，下部为块石、碎石混粉土或粉土夹碎块石。

由于岸坡基岩发生不规则的破碎和迁移，堰塞体材料往往表现出显著的不均匀性，不同部位的物理力学参数的离散性较大，例如，由室内试验确定的唐家山堰塞体的干密度范围为 1.67~2.06g/cm^3，而红石岩堰塞体的干密度范围为 1.83~2.28g/cm^3，孔隙率为 19%~34%（汪志刚和杜奎，2015；罗刚，2012）。

此外，堰塞体一般是快速堆积形成的，没有经历过机械碾压，其密实度通常较低，局部存在土石颗粒架空现象，因而其压缩性往往较大，防渗性能相对较弱。

3）施工方式

由于堰塞坝需要保留天然堰塞体的大部分材料，其坝体无法采用传统土石坝的一些常见结构布置方式（如设置心墙、主次堆石等），因而无法按照传统土石坝的方式进行施工。对堰塞体进行整治时，一般需根据堰塞体的形态特征"量体裁衣"。

根据实际情况，可采取钢筋石笼网、抛石（砌石）、碾压等护坡工程措施，以及选用防渗墙、帷幕灌浆、固结灌浆、振冲（或强夯）密实、黏土垫层等防渗施工措施，或是在顶部或侧面新建坝等措施，对堰塞体进行加固处理，提高其整体稳定性，改善防渗性能（何宁等，2008）。同时，为防止两岸边坡再次发生滑坡失稳，往往还需对两岸的危岩体进行综合整治，可结合实际条件，选用清（削）坡、喷锚支护、锚索（杆、板）锚固、防护网（墙）等施工方式。

1.2.2 典型堰塞坝案例

国内外不乏把堰塞体或者滑坡体作为基础或者坝体的一部分来建坝的例子。Schuster（2006）统计了国际上 254 座直接与滑坡相互作用的大型坝体（高度至少为 10m），其中，美国 153 座（60.2%），意大利 11 座（4.3%），澳大利亚 7 座（2.8%），印度、日本和英国共 18 座（7.1%），捷克和西班牙共 10 座（3.9%）。这些大坝的高度最低 10m、最高 170m，其中坝高 10～50m 的有 153 座（60.2%），51～100m 的有 62 座（24.4%），101～150m 的有 29 座（11.4%），151～170m 的有 9 座（3.5%），1 座大坝没有高度信息。就筑坝类型而言，这些坝中有 165 座为填土坝（65.0%），23 座为堆石坝（9.1%），19 座为土石坝（7.5%），24 座为混凝土重力坝（9.4%），13 座为混凝土拱坝（5.1%），7 座为混凝土拱形重力坝，2 座为砖石坝（0.8%），1 座未知。可见，柔性坝型（包括填土坝、堆石坝和土石坝）为主要坝型（81.5%），这可能与柔性坝型比刚性混凝土坝在可能失稳的滑坡地基上表现更好有关。

以下简要介绍几个典型的堰塞坝案例。

1. 国外案例

1）美国加利福尼亚州 Mammoth Pool 坝

Mammoth Pool 坝（Wilson and Squier，1969）位于美国加利福尼亚州 San Joaquin 河上，是一座在崩解的花岗岩基础上筑成的分区碾压填土坝，1959 年建成（图 1-3），水库总库容 1.52 亿 m^3。

图 1-3　美国加利福尼亚州 Mammoth Pool 坝

该坝的坝基为风化花岗岩，覆盖层厚 42.4m，斜心墙土石坝，最大坝高 142.8m，坝顶宽 9.1m，坝基宽 610m，坝顶长 250m，上游坡比 1∶3，下游坡比 1∶2。心墙顶宽 4.5m，底宽 135m，上游坡比 1.15∶1，下游坡垂直。大坝体积 383 万 m^3，其中心墙 122 万 m^3，过渡区及反滤层 70 万 m^3，堆石 191 万 m^3。筑坝过程中，岸坡片状的岩石被削除或锚定，防渗墙经滑坡体打入坝基。运行至今状态良好，仅有少量渗漏。

2）希腊 Thissavros 坝

Thissavros 坝（Anastassopoulos et al.，2004）位于希腊北部的 Nestos 河上，是一座中心向上游倾斜的黏土心墙堆石坝。该坝于 1986 年开始施工，1996 年建成，坝高约 172m（图 1-4）。

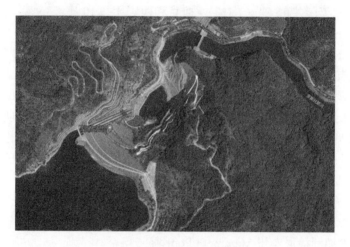

(a) 实体图（谷歌卫星地图）

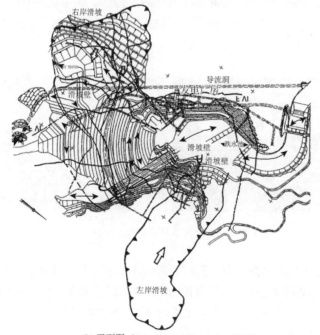

(b) 平面图（Anastassopoulos et al.，2004）

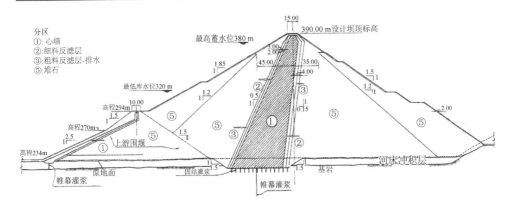

(c) 典型横剖面图 (Anastassopoulos et al., 2004)

图 1-4　希腊 Thissavros 坝

　　该坝右坝肩部分坝体坐落在一大型滑坡处,左侧滑坡体在下游消力池一侧。该地区基岩主要为片麻岩,建坝开挖活动激活了右侧片麻岩老滑坡,后通过卸荷、锚固和排水加固滑坡,现无移动迹象。

　　3) 美国科罗拉多州 Rio Grande 坝

　　Rio Grande 坝 (Atwood, 1918; Foster et al., 2014) 靠近美国科罗拉多州西南部 San Juan 山脉的 Rio Grande 河源头,该土石坝上游侧 2/3 体积为堆土,下游 1/3 体积为堆石,建于 1916 年,高约 33.8m,坝顶长度约 167.6m (图 1-5)。

　　该坝体左坝肩为大型非均质岩滑坡堆积体,右坝肩为裂隙火山岩,堰塞体没有完全堵塞河流。由于当时防渗技术较为落后,历史上两侧坝肩和坝基都曾出现过严重的渗漏问题。为减少渗漏,后在滑坡堆积体上方左侧坝肩的上游面修建了黏土边坡衬砌和黏土垫层,该修复工程于 2012 年设计,并于 2013 年建造。

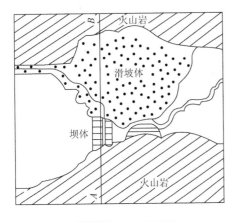

(a) 平面图(Atwood, 1918)

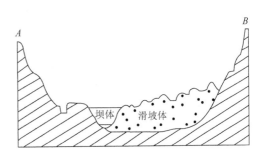

(b) 典型纵剖面图(Atwood, 1918)

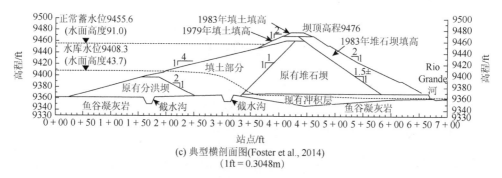

(c) 典型横剖面图(Foster et al., 2014)

(1ft＝0.3048m)

图 1-5　美国科罗拉多州 Rio Grande 坝

4）奥地利 Durlassboden 坝

Durlassboden 坝（Záruba，1974；Leobacher，2009）位于奥地利 Gerlos 的 Zillertal 山谷中，为黏土心墙堆石坝，建于 1964～1966 年，坝高 85m，坝顶长 470m，坝顶宽 5.5m，最大基底宽 340m（图 1-6）。该坝右坝肩大范围的石墨片岩和石英岩滑坡滑沉入河谷沉积物中，谷底原沉积有冰冲积的砂砾石和湖相沉积的淤泥。帷幕灌浆通过坝基和坝肩，延伸至谷底下约 50m 的淤泥中。

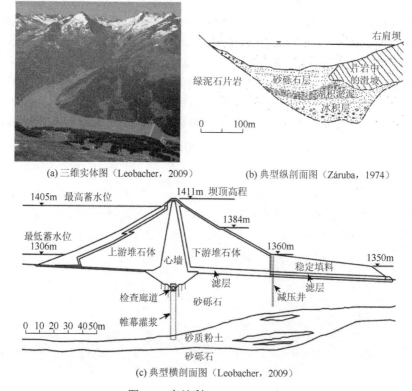

(a) 三维实体图（Leobacher，2009）　　　(b) 典型纵剖面图（Záruba，1974）

(c) 典型横剖面图（Leobacher，2009）

图 1-6　奥地利 Durlassboden 坝

5）新西兰 Waikaremoana 坝

Waikaremoana 坝（Koyama et. al，1989）位于新西兰北岛的东侧，形成于 2200 年以前，由一次滑入怀卡里莫阿纳河谷中的滑坡造成。Waikaremoana 坝形成的堰塞湖水面高出海平面 582m，面积 56km^2，最大湖深 248m，湖水容量 52 亿 m^3，为新西兰开发怀卡里莫阿纳河的三个梯级电站提供了能源，总装机容量为 124MW。

2. 国内案例

1）重庆市小南海坝

小南海坝（赵元弘，2008；燕乔等，2009；黄青松，2014）位于重庆市黔江区境内阿蓬江右岸支流段溪河上游，其堰塞体是 1856 年黔江-咸丰 6.25 级地震导致的左岸（北岸）山体发生两处滑塌（规模较大的大垮岩滑坡和规模较小的小垮岩滑坡）而形成的，主要由页岩及粉砂质页岩块碎石夹孤石组成（图 1-7）。堰塞体长约 1000m，顶宽 100～230m，底宽 1200m～1300m，坝高 60～70m，最高处为 100m，体积 4000 万～4600 万 m^3。为实现该堰塞体的资源化利用，采用帷幕灌浆对该堰塞体进行了防渗处理。目前，该水库在高程 658.50m 处建有一取水口，并修建有 26km 长的引水灌溉渠，已成为以灌溉、城市供水为主，兼具发电、旅游、养殖的综合水利工程。

2）四川省叠溪镇小海子坝

小海子坝（柴贺军等，1995；杨其国，2003）位于四川省阿坝藏族羌族自治

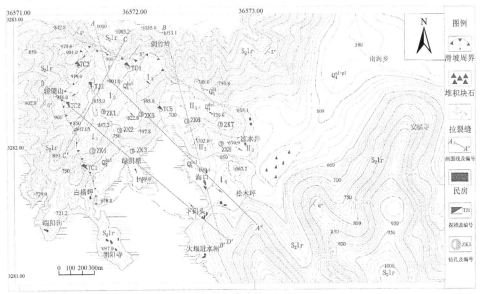

(a) 平面图（黄青松，2014）

（S$_2$lr 为中志留统罗惹坪组；Q$_4^{del}$ 为第四系古滑坡堆积层；Q$_4^{dl}$ 为第四系坡积层；Q$_4^{al+pl}$ 为第四系冲洪积层）

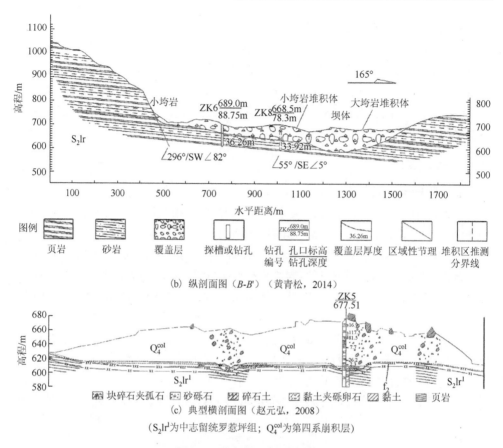

(b) 纵剖面图 (*B-B'*) (黄青松, 2014)

(c) 典型横剖面图 (赵元弘, 2008)

(S₂lr¹为中志留统罗惹坪组; Q₄ᶜᵒˡ为第四系崩积层)

图 1-7　重庆市小南海堰塞坝

州茂县较场乡（现为叠溪镇）境内的岷江上游，该堰塞体是 1933 年 8 月 25 日叠溪 7.5 级地震导致的左岸较场滑坡堵塞岷江形成的，主要由二叠系的变质砂岩和结晶灰岩岩块组成，夹少量千枚岩（图 1-8）。小海子坝高约 100m，坝长 3000m，坝顶宽 200m，坝底宽 2000m，上游坡比约为 1:17，下游坡比约为 1:25。目前，小海子坝已建成为天龙湖水电站大坝，该电站已于 2004 年投产发电。

3）云南省鲁甸县红石岩坝

红石岩坝（张宗亮等，2016；刘宁，2014）位于云南省鲁甸县火德红镇李家山村和巧家县包谷垴乡红石岩村交界的牛栏江干流上，该堰塞体是 2014 年 8 月 3 日云南省昭通市鲁甸 6.5 级地震导致两岸山体垮塌堵塞牛栏江而形成的（图 1-9）。历史上该坝址左岸曾发生过古滑坡堵江事件，但 2014 年地震中仅表面孤石、碎石被震松，古滑坡体整体未失稳；右岸则发生了大范围滑坡，大量崩塌体高速滑向河床，堆积形成了堰塞体。堰塞体表层为孤石、块石夹碎石，有少量砂土，下部为块石、碎石混粉土或粉土夹碎块石。红石岩堰塞体整体呈马鞍形，两侧高中间低，高 83～96m，堰塞总方量约 $1.2 \times 10^7 m^3$，堰塞湖总库容约为 $2.6 \times 10^8 m^3$。

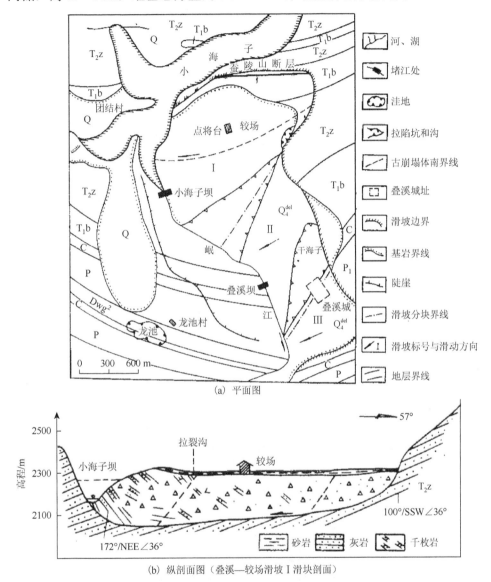

(a) 平面图

(b) 纵剖面图（叠溪—较场滑坡 I 滑块剖面）

图 1-8　四川省叠溪镇小海子堰塞坝（柴贺军等，1995）

（T_1b 为下三叠统菠茨沟组；T_2z 为中三叠统扎尕山组）

2016 年 2 月起，红石岩堰塞体得以进行综合整治，主要包括：堰塞体防渗加固处理（主要措施为防渗墙＋帷幕灌浆）、堰塞体右岸崩塌边坡治理及左岸清坡、右岸新建溢洪洞、原红石岩引水隧洞改建为泄洪冲沙洞等。

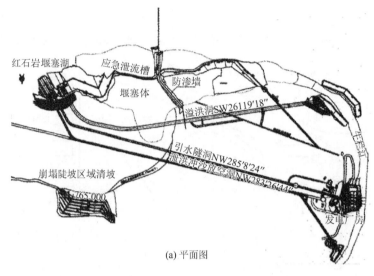

(a) 平面图

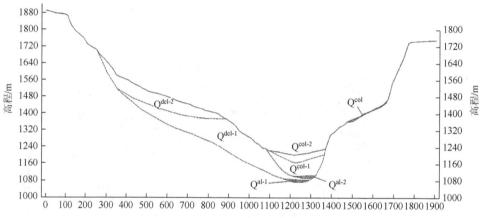

(b) 典型纵剖面图

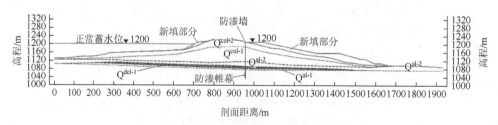

(c) 典型横剖面图

图1-9　云南省鲁甸县红石岩坝（张宗亮等，2016；刘宁，2014）

（Q^{al-1}为第四系现代河床冲积层；Q^{al-2}为第四系古河床冲积层；Q^{col-1}为第四系堰塞体崩积层上部；Q^{col-2}为第四系堰塞体崩积层下部；Q^{del-1}为第四系古滑坡堆积层上部；Q^{del-2}为第四系古滑坡堆积层下部）

4）云南省香格里拉市上江坝方案

上江坝（刘高峰和王启国，2009；王启国等，2012）是金沙江中游替代虎跳峡高坝方案的比选方案之一，位于云南省香格里拉市上江乡福库村，拟建为坝高 249m 的土质心墙堆石坝（图 1-10）。该坝坝址河床覆盖层深厚，最厚达 206m，由粗粒土和低液限黏土等组成，拟采用表层清基后直接坐落在覆盖层上的筑坝方案，坝基采用上防渗墙下接防渗帷幕的防渗措施。两侧坝肩均坐落在特大型滑坡上，左坝肩分布有体积约 8000 万 m³ 的福库滑坡，右坝肩分布有体积约 2600 万 m³ 的海排滑坡，经初步分析，两侧滑坡稳定性较好。但考虑到该坝址存在坝基沉降变形控制、深防渗工程以及高边坡稳定等若干关键技术难题，同其他方案相比不是一个优良的坝址，但通过结合类似工程经验和技术攻关，该工程仍具备实施可行性。

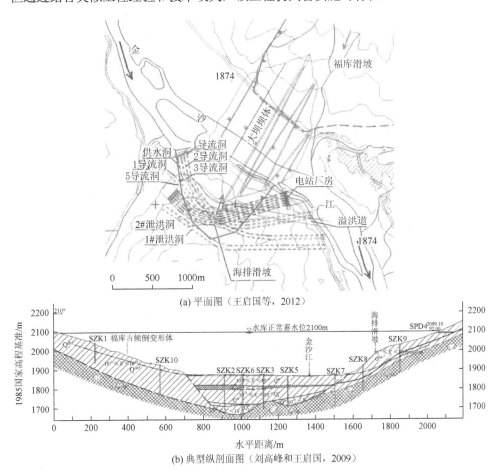

(a) 平面图（王启国等，2012）

(b) 典型纵剖面图（刘高峰和王启国，2009）

图 1-10　云南省香格里拉市上江坝方案

（Qᵃˡ 为第四系漂卵石；Q₃ᵃˡ 为第四系黏土；Q₃ᵃˡ 为第四系砾卵石；Qᵈˡ 为第四系碎块石；Qᵈᵉᶠ 为第四系古倾倒变形体；Qᵈᵉˡ 为第四系滑坡堆积层；K 为渗透系数）

1.3　堰塞坝分类及概化模型

1.3.1　堰塞体的堰塞模式分类

Costa 和 Schuster（1988）及柴贺军等（1995）将滑坡体堵江模式分为两类，即完全堵江模式和不完全堵江模式。

（1）滑坡体完全堵江模式（表 1-1）主要有：①滑坡、崩塌体、泥石流以较高的速度越过河床冲向对岸斜坡，有一定爬高，爬高是堆石坝的最大坝高；②滑坡以整体或碎屑流的形式冲入河床，沿河谷向上、下游流动了一段距离，形成宽厚的堆石坝；③两岸相对的斜坡体同时发生破坏失稳，向河谷运动，首首相接堵塞河床；④滑坡分股进入河床，形成两座或两座以上坝体，至少有一座坝体完全堵江。

表 1-1　完全堵江模式

模式	特征	示意平面图	示意剖面图	典型实例
I	滑坡、崩塌体、泥石流以较高的速度越过河床冲向对岸斜坡，有一定爬高，爬高是堆石坝的最大坝高			唐古栋滑坡、麦地坡滑坡、公棚海子滑坡、石家坡滑坡、早阳滑坡
II	滑坡以整体或碎屑流的形式冲入河床，沿河谷向上、下游流动了一段距离，形成宽厚的堆石坝			扣山滑坡、新西兰怀卡里莫阿纳滑坡、禄劝滑坡、易贡湖泥石流
III	两岸相对的斜坡体同时发生破坏失稳，向河谷运动，首首相接堵塞河床			观音岩-银屏岩山崩
IV	滑坡分股进入河床，形成两座或两座以上坝体，至少有一座坝体完全堵江			鸡冠岭山崩、叠溪-较场台地滑坡

（2）滑坡体不完全堵江模式（表 1-2）主要有：①滑坡、崩塌体、泥石流进入河床，使过流断面变窄；②滑坡推挤河床上拱，形成不完全坝体；③滑坡、崩塌、泥石流进入河床抵达对岸，形成水下暗坝，使过流断面变浅；④滑坡、崩塌进入江中，以此形成两座或两座以上暗坝。

表 1-2　不完全堵江模式

模式	特征	示意平面图	示意剖面图	典型实例
I	滑坡、崩塌体、泥石流进入河床，使过流断面变窄			赵家塘滑坡、茜草沱滑坡、作揖沱崩塌
II	滑坡推挤河床上拱，形成不完全坝体			周场坪滑坡、泄流坡滑坡
III	滑坡、崩塌、泥石流进入河床抵达对岸，形成水下暗坝，使过流断面变浅			新滩滑坡、红山村滑坡、兴隆滩滑坡、马家坝滑坡
IV	滑坡、崩塌进入江中，以此形成两座或两座以上暗坝			鸡扒子滑坡

参考上述滑坡体堵江模式，可根据堰塞体是否到达对岸，将堰塞体的堰塞模式分为完全堰塞模式和不完全堰塞模式，再将完全堰塞模式进一步分为单侧滑坡完全堰塞模式（参考滑坡体完全堵江模式 I、II 和 IV）以及双侧滑坡完全堰塞模式（参考滑坡体完全堵江模式 III），将不完全堰塞模式进一步分为单侧滑坡不完全堰塞模式（参考滑坡体不完全堵江模式 I）以及双侧滑坡不完全堰塞模式（有可能的）。经适当整理，可将堰塞体的堰塞模式分为四类，即单侧完全堰塞、单侧不完全堰塞、双侧完全堰塞和双侧不完全堰塞（表 1-3）。

表 1-3　堰塞体的堰塞模式

模式	特征	平面示意图	剖面示意图
Ⅰ 单侧 完全堰塞	滑坡以整体或碎屑流的形式冲入河床，沿河谷向上、下游流动了一段距离，形成宽厚的堰塞体		
Ⅱ 单侧不 完全堰塞	滑坡、崩塌体、泥石流进入河床，使过流断面变窄，并未造成完全堰塞		
Ⅲ双侧完 全堰塞	两岸相对的斜坡体发生破坏失稳，向河谷运动，堵塞河床，并沿河谷向上、下游流动了一段距离		
Ⅳ双侧不 完全堰塞	两岸相对的斜坡体发生破坏失稳，向河谷运动，但未完全堵塞河道		

1.3.2　堰塞坝概化模型

按表 1-3 中的堰塞模式、河谷形态以及堰塞体处置方式对国内外 8 座典型的堰塞坝进行统计（表 1-4）。可以看出，堰塞体常见的堰塞模式为单侧堵江模式，而双侧堵江模式较为少见；河谷形态主要分为 U 形河谷和 V 形河谷，堰塞体处置方式主要是直接对堰塞体进行防渗处理（如采用防渗墙、防渗帷幕等方式）和新建坝体等方式。

参考表 1-4 的统计结果，根据堰塞体的堰塞模式、河谷形态，以及可能的堰塞体处置方式，将堰塞坝概化为 10 种类型，如表 1-5 所示。利用所提出的堰塞坝概化模型，可对不同类型的堰塞坝开展定量分析，掌握其应力变形、渗流场的规律，从而为安全预警和安全评价提供依据。

表1-4 （拟）资源化利用的堰塞坝（体）统计

堰塞坝	国家/地区	形成/建成时间	堰塞模式	河谷形态	堰塞体处置方式
Mammoth Pool 坝	美国	1959 年建成	I	V	新建填土坝
Thissavros 坝	希腊	1986 年建成	I 或 II	U	新建心墙坝
Rio Grande 坝	美国	1916 年建成	II	U	新建土石坝
Durlassboden 坝	奥地利	1966 年建成	II	U	新建心墙坝
小南海	中国重庆	1856 年形成	I	U	防渗帷幕
小海子	中国四川	1933 年形成	I	U	防渗处理
红石岩	中国云南	2014 年形成	III	U	防渗墙＋防渗帷幕
上江坝	中国云南	10 万年前形成	IV	U	拟新建心墙坝

注："形成"和"建成"分别针对堰塞体和堰塞坝。堰塞模式 I、II、III、IV 参考表1-3。

表 1-5 堰塞坝概化模型分类

模型编号	堰塞模式	河谷形态	堰塞体处置	剖面材料分区	备注
I-U-1	单侧完全堰塞	U 形	新建坝	I-U-1	可能的
I-U-2			防渗墙/帷幕	I-U-2	已建 2 例
I-V-1		V 形	新建坝	I-V-1	已建 1 例
I-V-2			防渗墙/帷幕	I-V-2	可能的
II-U-1	单侧不完全堰塞	U 形	新建坝	II-U	已建 2 例

续表

模型编号	堰塞模式	河谷形态	堰塞体处置	剖面材料分区	备注
III-U-1	双侧完全堰塞	U 形	新建坝	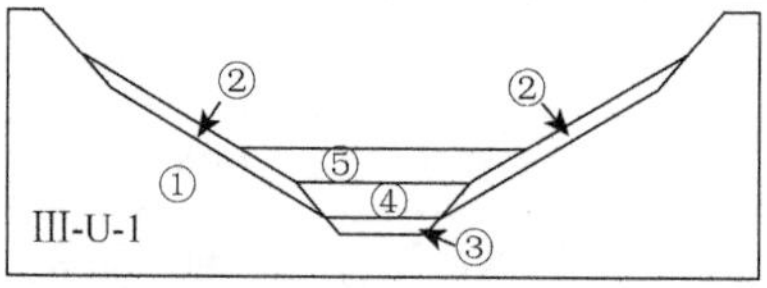	可能的
III-U-2			防渗墙/帷幕	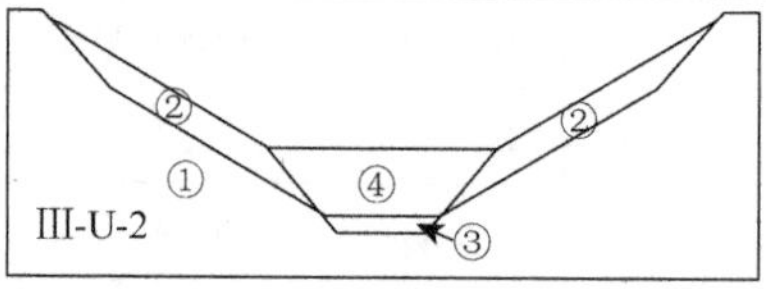	已建 1 例
III-V-1		V 形	新建坝	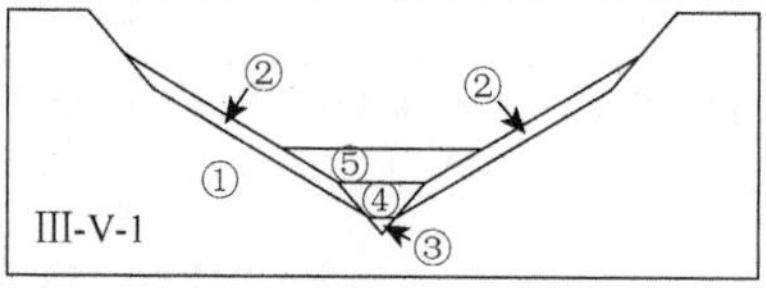	可能的
III-V-2			防渗墙/帷幕	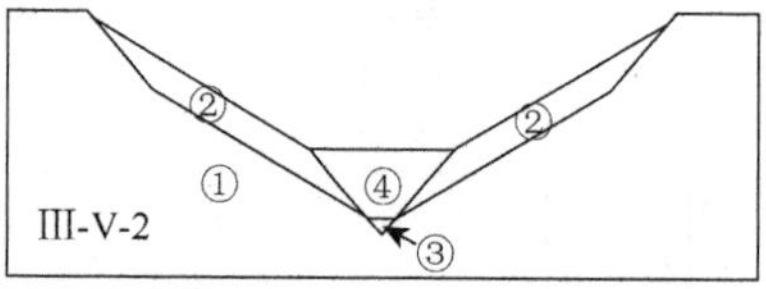	可能的
IV-U-1	双侧不完全堰塞	U 形	新建坝	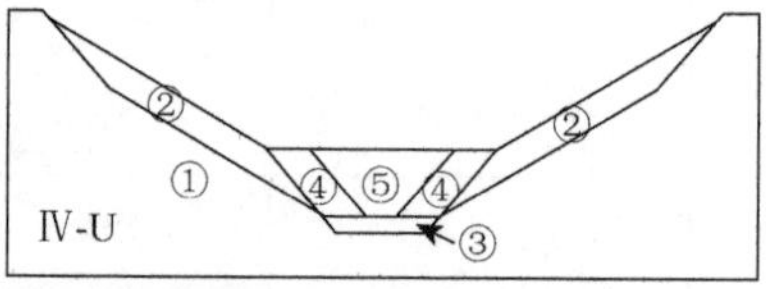	拟建 1 例

注: 概化模型编号含义: 堰塞模式-河谷形态-堰塞体处置方式。剖面图中材料编号含义: ①基岩, ②滑坡体, ③河床, ④新堰塞体, ⑤新建坝体。备注中 I-U-2 已建案例为小南海堰塞坝和小海子堰塞坝, I-V-1 已建案例为 Mammoth Pool 坝, II-U-1 已建案例为 Rio Grande 坝和 Durlassboden 坝, III-U-2 已建案例为红石岩堰塞坝, IV-U-1 拟建案例为上江坝。

1.3.3 堰塞坝概化模型几何参数

为了定量统计堰塞坝的几何参数特征, 基于所提出的堰塞坝概化模型, 确定其主要几何参数为堰塞体高度、长度、底宽, 河床覆盖层厚度、宽度, 滑坡体厚度、长度、坡脚高度; 河谷底宽等, 如图 1-11 所示。通过这些参数, 可定量描述表 1-5 中的各类堰塞坝概化模型 (不含新建坝体) 的几何形态。其中, 河谷是 V 形时, 河谷宽度取为 0; 对于双侧滑坡堰塞模式, 可在单侧堰塞模式的基础上另取一组滑坡体几何参数。基于收集的典型堰塞坝工程资料, 统计和拟定了不同堰塞坝概化模型的几何参数 (表 1-6)。统计中, 规定 x 方向表示从左岸指向右岸, y 方向为顺河流方向, z 方向为竖直向上。

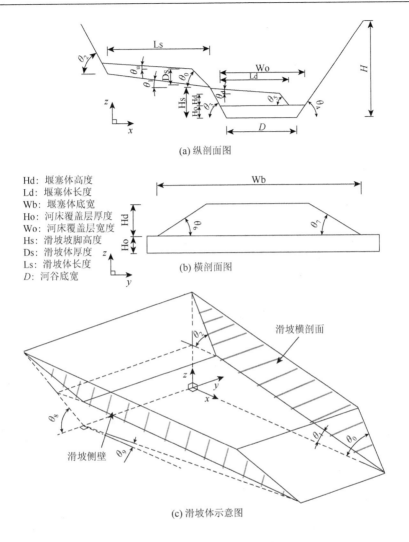

(a) 纵剖面图

Hd: 堰塞体高度
Ld: 堰塞体长度
Wb: 堰塞体底宽
Ho: 河床覆盖层厚度
Wo: 河床覆盖层宽度
Hs: 滑坡坡脚高度
Ds: 滑坡体厚度
Ls: 滑坡体长度
D: 河谷底宽

(b) 横剖面图

(c) 滑坡体示意图

图 1-11 堰塞坝概化模型几何参数表

表 1-6 堰塞坝主要几何参数统计

堰塞坝案例			I-U-2		II-U-1		III-U-2	IV-U-1	I-U-1	I-V-1	I-U-2	I-V-2	II-U-1
			小南海坝	小海子坝	Rio Grande 坝	Durlas-sboden 坝	红石岩坝	上江坝	概化模型	概化模型	概化模型	概化模型	概化模型
左侧滑坡	θ_0	(°)	26.0	NAN	33.7	—	54.0	50.0	50.0	50.0	50.0	50.0	50.0
	θ_1	(°)	7.0	NAN	11.3	—	26.0	19.0	25.0	25.0	25.0	25.0	25.0
	θ_u	(°)	4.0	NAN	11.3	—	26.0	16.0	25.0	25.0	25.0	25.0	25.0

续表

堰塞坝案例			I-U-2		II-U-1		III-U-2	IV-U-1	I-U-1	I-V-1	I-U-2	I-V-2	II-U-1
			小南海坝	小海子坝	Rio Grande坝	Durlassboden坝	红石岩坝	上江坝	概化模型	概化模型	概化模型	概化模型	概化模型
左侧滑坡	Ls/Wr	—	2.51	NAN	0.31	—	5.74	3.50	3.50	3.50	3.50	3.50	3.50
	Ds/Wr	—	0.20	NAN	0.20	—	1.03	0.21	0.30	0.30	0.70	0.70	0.70
	Hs/Wr	—	0.11	NAN	0.04	—	0.00	0.00	0.20	0.20	0.20	0.20	0.20
	θ_8	(°)	NAN	NAN	NAN	—	NAN	NAN	50.0	50.0	50.0	50.0	50.0
	θ_9	(°)	NAN	NAN	NAN	—	NAN	NAN	0.0	0.0	0.0	0.0	0.0
右侧滑坡	θ'_0	(°)	—	—	—	52.0	27.0	36.0	—	—	—	—	—
	θ'_1	(°)	—	—	—	21.0	26.0	22.0	—	—	—	—	—
	θ'_u	(°)	—	—	—	21.0	26.0	22.0	—	—	—	—	—
	Ls'/Wr	—	—	—	—	NAN	1.47	1.15	—	—	—	—	—
	Ds'/Wr	—	—	—	—	0.26	0.06	0.10	—	—	—	—	—
	Hs'/Wr	—	—	—	—	0.28	1.84	0.00	—	—	—	—	—
	θ'_8	(°)	—	—	—	NAN	NAN	NAN	—	—	—	—	—
	θ'_9	(°)	—	—	—	NAN	NAN	NAN	—	—	—	—	—
堰塞体	θ_5	(°)	—	—	33.7	21.0	—	—	—	—	—	—	50.0
	θ_6	(°)	3.8	3.4	26.6	NAN	9.0	—	50.0	50.0	50.0	50.0	50.0
	θ_7	(°)	12.3	2.3	26.6	NAN	14.0	—	50.0	50.0	50.0	50.0	50.0
	θ_d	(°)	0.0	NAN	0.0	21.0	14.0	—	0.0	0.0	0.0	0.0	0.0
	Ld/Wr	—	1.00	1.00	0.82	0.47	1.00	0.00	1.00	0.34	1.00	0.34	0.80
	Hd/Wr	—	0.27	0.03	0.20	0.26	0.88	0.00	0.30	0.30	0.70	0.70	0.70
	Wb/Wr	—	4.90	0.67	1.43	NAN	9.94	0.00	6.00	6.00	6.00	6.00	6.00
新建坝	θ'_6	(°)	—	—	14.0	26.0	—	25.0	26.6	26.6	—	—	26.6
	θ'_7	(°)	—	—	26.6	30.0	—	25.0	26.6	26.6	—	—	26.6

续表

堰塞坝案例		I-U-2		II-U-1		III-U-2	IV-U-1	I-U-1	I-V-1	I-U-2	I-V-2	II-U-1
		小南海坝	小海子坝	Rio Grande 坝	Durlas-sboden 坝	红石岩坝	上江坝	概化模型	概化模型	概化模型	概化模型	概化模型
新建坝	Ld'/Wr	—	—	—	0.18	0.55	—	1.00	1.50	0.84	—	—	0.20
	Hd'/Wr	—	—	—	0.20	0.08	—	0.29	0.42	0.42	—	—	0.70
	Wb'/Wr	—	—	—	1.35	1.02	—	1.21	1.75	1.75	—	—	2.90
河床	θ_3	(°)	26.0	NAN	33.7	36.0	54.0	50.0	50.0	50.0	50.0	50.0	50.0
	θ_4	(°)	25.0	NAN	26.6	52.0	67.0	36.0	50.0	50.0	50.0	50.0	50.0
	Wo/Wr	—	1.00	1.00	1.00	1.00	1.00	1.00	1.00	0.34	1.00	0.34	1.00
	Ho/Wr	—	0.11	NAN	0.04	0.28	0.15	0.21	0.20	0.20	0.20	0.20	0.20
	D/Wr	—	0.54	NAN	0.86	0.33	0.82	0.53	0.66	0.00	0.66	0.00	0.66
	Wr	m	255.2	3000.0	147.0	350.6	136.0	872.3	120.0	120.0	120.0	120.0	120.0

注：①Wr 表示长度基准值，其他长度为与该基准的比值，对于 U 形河谷，取为河谷宽度；右侧滑坡参数（右上角加"'"标记以区分）含义同左侧滑坡参数含义，新建坝参数（右上角加"'"标记以区分）含义同堰塞体参数含义；表中"—"标记表示该模型无此参数，"NAN"标记表示该模型存在此参数但值未知。

②后五列为各概化模型应力变形分析时几何参数取值（仅列举了单侧堰塞概化模型）。为方便比较，五类概化模型均设河床覆盖层高度为 24.0m，对于 U 形河谷，河床覆盖层宽度为 120.0m，对于 V 形河谷，河床覆盖层宽度为 40.8m（在 U 形河谷基础上，保持两岸坡倾角不变，使河床底宽 D 为 0）；采用直接防渗处理和旁侧新建坝方案的堰塞体（I-U-1、I-V-1 和 II-U-1）高度为 84.0m，旁侧新建坝高度和堰塞体高度相同，采用上部新建坝方案的堰塞体（I-U-2 和 I-V-2）高度为 36.0m，上部新建坝高 50.0m，使得各概化模型总高度接近，新建坝上下游坡度统一为 1:2，堰塞体上下游坡比取为休止角（约为内摩擦角）；单侧滑坡位置统一为左侧，假设滑坡体坡脚位置和河床顶部平齐，滑坡体高度和堰塞体高度相同，滑坡体其余几何参数均统一。

1.4　不同类型堰塞坝概化模型的受力变形特征

本书采用 Hypermesh 和 Abaqus 软件建立了 1.3 节中提出的各类堰塞坝概化模型的应力变形三维有限元分析网格，分析了各类堰塞坝在堰塞体形成期、堰塞坝施工期及堰塞坝蓄水应用期的应力变形特性。考虑到单侧堰塞模式最为常见（某些双侧堰塞模式的堰塞坝若有一侧为高位滑坡，高位残留滑坡部分对下部堰塞坝的应力变形没有实际影响，也可归为单侧堰塞模式），以下主要对 I-U-1、I-V-1、I-U-2、I-V-2 和 II-U-1 这五类堰塞坝概化模型进行分析。

1.4.1　计算模型和参数

单侧堰塞模式的五类堰塞坝概化模型应力变形三维有限元分析网格如图 1-12 所示，几何参数参见表 1-6。三维网格的单元形式以 C3D8 单元和 C3D6 单元为主。计算网格主要包含了滑坡体、河床覆盖层、防渗墙、防渗帷幕和新建坝等材料分区，另外还包括防渗墙四周的有厚度接触单元和防渗墙底面的沉渣单元。防渗墙和防渗帷幕的布置参考红石岩堰塞坝工程（王伟等，2018），防渗墙为直线形式布置在堰塞体中部，防渗帷幕同防渗墙相连，布置在滑坡体中部。为了尽可能准确地计算混凝土防渗墙的应力变形，厚 1.2m 的防渗墙划分了三层网格，两侧分别设有 1 层厚 0.1m 的接触单元。防渗墙嵌岩深度 1.0m，设 1 层竖向厚 0.5m 的沉渣单元。三维网格左右岸和底部均采用三向约束，上下游端采用 y 向约束。土石料选用邓肯-张 E-B 模型，其计算参数参见表 1-7。其中，为适当简化分析，新建坝考虑为均质填土坝，防渗墙和沉渣单元均采用线弹性材料，堰塞坝（体）上下游坡比取为休止角。

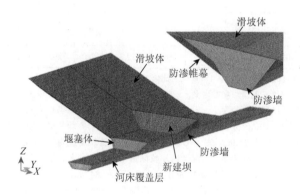

(a) 概化模型 Ⅰ-U-1 三维网格（单元总数：49362；结点总数：53164）

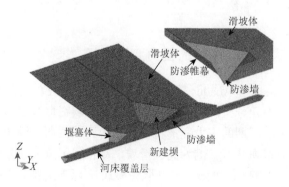

(b) 概化模型 Ⅰ-V-1 三维网格（单元总数：27188；结点总数：28297）

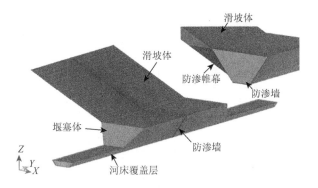

(c) 概化模型 I -U-2三维网格（单元总数：57434；结点总数：61182）

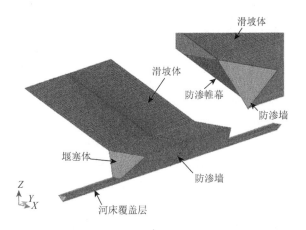

(d) 概化模型 I -V-2三维网格（单元总数：42058；结点总数：43334）

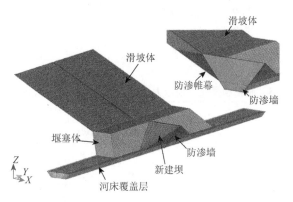

(e) 概化模型 II -U-1三维网格（单元总数：63774；结点总数：68096）

图 1-12　五类堰塞坝概化模型的三维有限元网格

表1-7　堰塞坝概化模型应力变形分析各材料计算参数汇总

材料	E/MPa	v	K	n	R_f	c/kPa	φ_0/(°)	$\Delta\varphi$/(°)	K_b	m	ρ/(t/m³)
堰塞体	—	—	720	0.26	0.72	0	51	9	320	0.15	2.0
滑坡体	—	—	720	0.26	0.72	0	51	9	320	0.15	2.0
河床	—	—	680	0.32	0.80	0	52	9.6	350	0.10	2.2
新建坝	—	—	650	0.55	0.80	30	30	0	450	0.30	1.9
防渗墙	25000	0.2	—	—	—	—	—	—	—	—	2.4
防渗帷幕	—	—	3000	0.33	0.80	0	50	10	500	0.18	2.0
接触单元	—	—	180	0.45	0.75	4.6	24	0	150	0.18	—
沉渣单元	300	0.46	—	—	—	—	—	—	—	—	—

注：表中堰塞体、河床和防渗帷幕等参数参考文献（王伟等，2018）；假设新滑坡体堵江生成堰塞体，表中滑坡体为新滑坡残余部分，因而和堰塞体取为同种材料。

表中，E、v 分别为弹性模量和泊松比，K、n、R_f、K_b、m 为邓肯-张 E-B 模型参数，c、φ_0 和 $\Delta\varphi$ 为强度指标，ρ 为密度。

1.4.2　计算工况与加载级

计算分析时，考虑了堰塞体形成期、堰塞坝施工期和蓄水应用期等不同阶段（表1-8）。其中，堰塞体形成期主要模拟堰塞体或残余滑坡体等的形成过程，以便确定堰塞体等受自重作用时的初始应力分布；计算时河床覆盖层、堰塞体和残余滑坡体均采用自下而上逐层形成的方法。堰塞坝施工期主要模拟新建坝施工和防渗体系（防渗墙和防渗帷幕）施工的过程；其中，新建坝施工采用自下而上分级填筑，而防渗体系的施工则通过在加载级中修改材料参数和激活单元（主要为嵌岩单元、接触单元和沉渣单元）来模拟。堰塞坝蓄水应用期主要模拟堰塞水库分级蓄水后的运行情况；其中，上游水位从防渗墙底上升 87m，下游水位从防渗墙底上升 34.5m，计算模拟中分为 4 个加载步骤。

表1-8　堰塞坝概化模型应力变形分析计算工况与加载级

工况		加载级				
		I -U-1	I -V-1	I -U-2	I -V-2	II-U-1
堰塞体形成期	河床逐层施工	1~8	1~9	1~8	1~9	1~8
	堰塞体、边坡逐层施工	9~31	10~32	9~36	10~37	9~36
堰塞坝施工期	新建坝施工	32~41	33~42	—	—	37~52
	防渗体系施工	42	43	37	38	53
蓄水应用期	工程蓄水	43~46	44~47	38~41	39~42	54~57

1.4.3　应力变形计算结果及分析

采用前述的计算条件和计算方案，对五类堰塞坝概化模型进行了三维静力有限元计算。施工期和蓄水期各堰塞坝概化模型的变形增量特征值汇总见表 1-9，蓄水期各堰塞坝概化模型防渗体系的应力特征值汇总见表 1-10。

表 1-9　堰塞坝概化模型变形增量特征值汇总　　　（单位：cm）

工况	概化模型	部位	最大沉降	最大顺河向位移		最大坝轴向位移	
				向上游	向下游	向左岸	向右岸
堰塞坝施工期	I -U-1	坝体	80.5	14.9	14.9	10.6	9.3
	I -V-1	坝体	62.0	13.8	13.8	7.5	5.0
	I -U-2	坝体	—	—	—	—	—
	I -V-2	坝体	—	—	—	—	—
	II -U-1	坝体	65.1	18.0	18.0	15.5	13.5
堰塞坝蓄水期	I -U-1	坝体	5.80	0.38	16.4	2.16	2.02
		防渗体系	0.79	0.38	16.4	0.53	0.70
	I -V-1	坝体	3.50	0.32	10.7	1.36	1.18
		防渗体系	0.72	0.32	10.7	0.43	0.60
	I -U-2	坝体	2.60	0.27	11.5	0.80	1.01
		防渗体系	0.79	0.27	11.5	0.39	0.42
	I -V-2	坝体	1.50	0.13	7.4	0.61	0.54
		防渗体系	0.55	0.13	7.4	0.37	0.38
	II -U-1	坝体	5.30	0.04	14.0	1.93	1.62
		防渗体系	0.67	0.04	14.0	0.55	0.59

表 1-10　堰塞坝概化模型蓄水期防渗体系应力特征值汇总（单位：MPa）

概化模型	防渗体系上游面应力		防渗体系下游面应力	
	最大大主应力	最小小主应力	最大大主应力	最小小主应力
I -U-1	10.1	−6.1	6.4	−9.7
I -V-1	9.9	−7.0	8.3	−9.3
I -U-2	8.6	−4.2	6.0	−8.0
I -V-2	8.2	−6.9	8.7	−7.3
II -U-1	11.4	−5.5	6.0	−12.0

1）堰塞坝施工期

堰塞坝施工期包括了新建坝的施工和防渗体系（防渗墙和防渗帷幕）的施工，其中，防渗体系施工导致的堰塞体及地基的应力变形增量较小，因此主要考虑新建坝施工的影响，以下选择三种新建坝的概化模型Ⅰ-U-1、Ⅰ-V-1和Ⅱ-U-1进行分析。其中，概化模型Ⅰ-U-1和Ⅰ-V-1采用上部建坝方案，底部河床厚24m，原堰塞体高36m，新建坝高50m；概化模型Ⅱ-U-1采用右岸建坝方案，底部河床厚24m，原堰塞体高84m，堰塞河床宽96m，占河床总宽度的80%，新建坝顶与原堰塞体顶平齐。这三类堰塞坝模型总高和不建坝方案（Ⅰ-U-2和Ⅰ-V-2）总高相近。

图1-13展示了堰塞坝概化模型Ⅰ-U-1、Ⅰ-V-1和Ⅱ-U-1在施工期的位移增量等值线云图。可以看出，在完全堵江的堰塞体上部新建坝（Ⅰ-U-1和Ⅰ-V-1）时，坝轴向位移增量左右岸基本对称，最大位移发生在左右岸坡下部，距原堰塞体顶部约5m处；竖向位移增量最大值位于新建坝中下部，距新建坝底部5～10m。

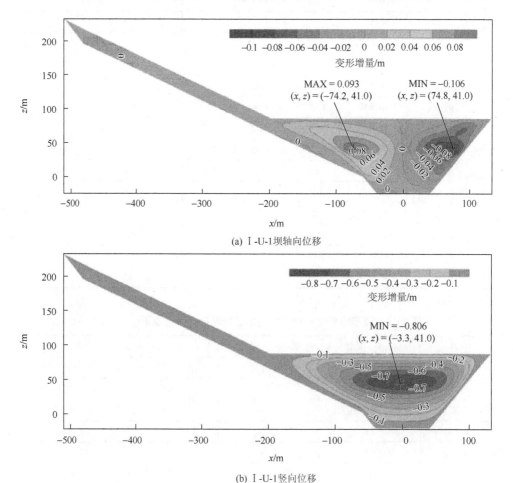

(a) Ⅰ-U-1坝轴向位移

(b) Ⅰ-U-1竖向位移

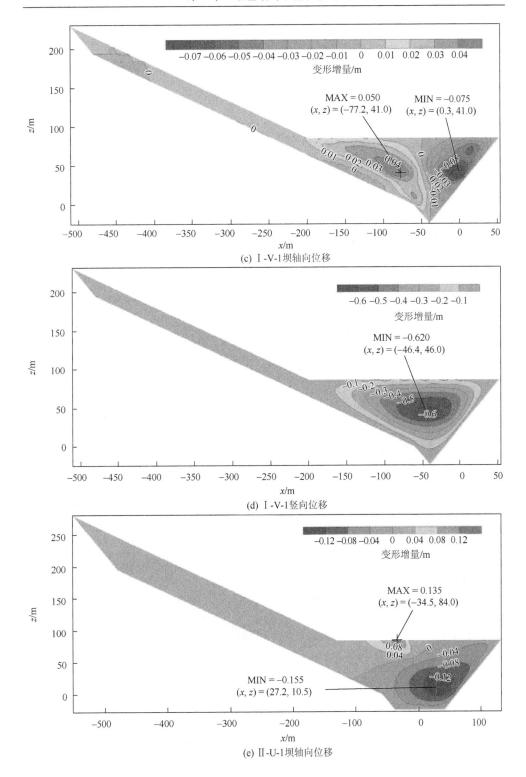

(c) Ⅰ-V-1坝轴向位移

(d) Ⅰ-V-1竖向位移

(e) Ⅱ-U-1坝轴向位移

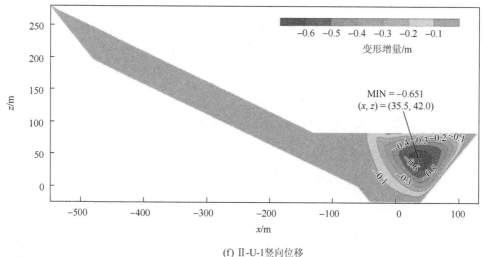

(f) Ⅱ-U-1竖向位移

图1-13 施工期堰塞坝概化模型最大纵剖面变形增量等值线云图

在单侧不完全堵江的堰塞体上部新建坝（Ⅱ-U-1）时，坝轴向位移和竖向位移等值线极值均偏向新建坝一侧，其中坝轴向位移最大值位于新建坝和堰塞体交界面处；竖向位移最大值位于坝体中部约 1/2 坝高处，偏堰塞体一侧。对比三种不同新建坝方案，U 形河谷条件下坝体竖向位移比 V 形河谷条件下约大 30%，坝轴向和顺河向位移相差不大；相比于完全堰塞条件，不完全堰塞条件下坝体竖向位移约小 19%，坝轴向位移约大 20%，顺河向位移约大 45%。

图 1-14 展示了堰塞坝概化模型 Ⅰ-U-1、Ⅰ-V-1 和Ⅱ-U-1 在施工期的应力等值线云图。可以看出，在完全堵江的堰塞体上部新建坝（Ⅰ-U-1 和 Ⅰ-V-1）时，坝

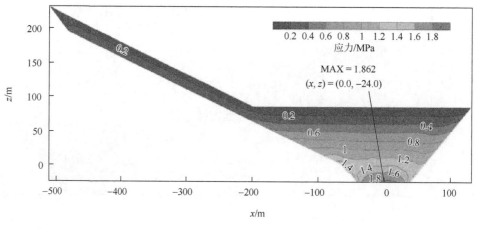

(a) Ⅰ-U-1大主应力

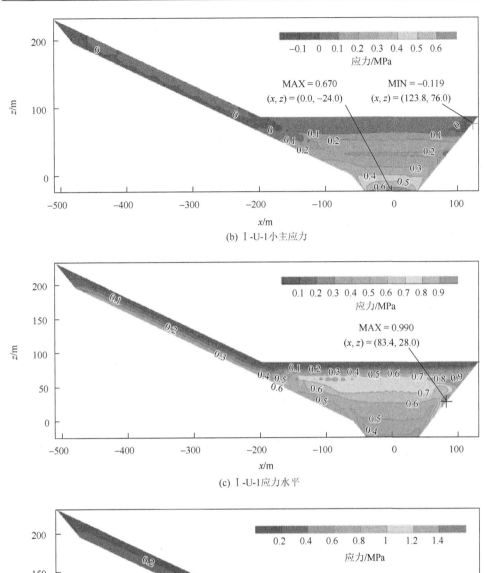

(b) Ⅰ-U-1小主应力

(c) Ⅰ-U-1应力水平

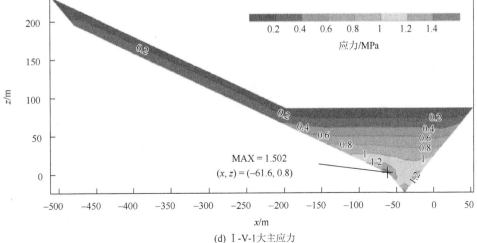

(d) Ⅰ-V-1大主应力

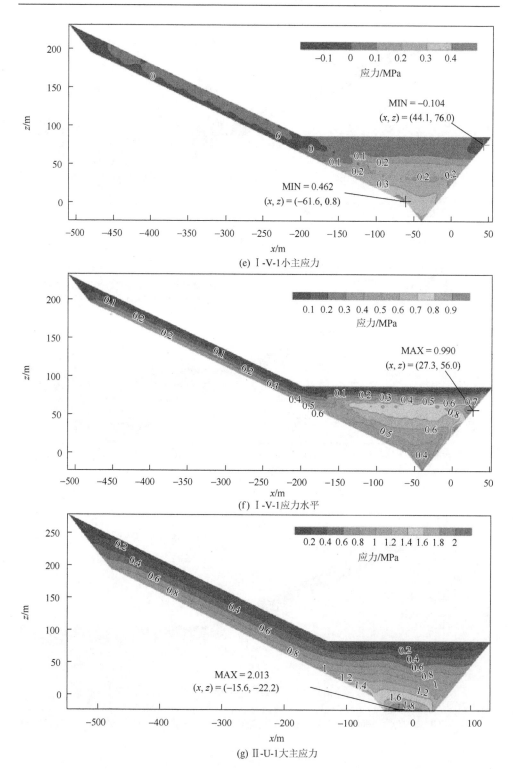

(e) Ⅰ-V-1小主应力

(f) Ⅰ-V-1应力水平

(g) Ⅱ-U-1大主应力

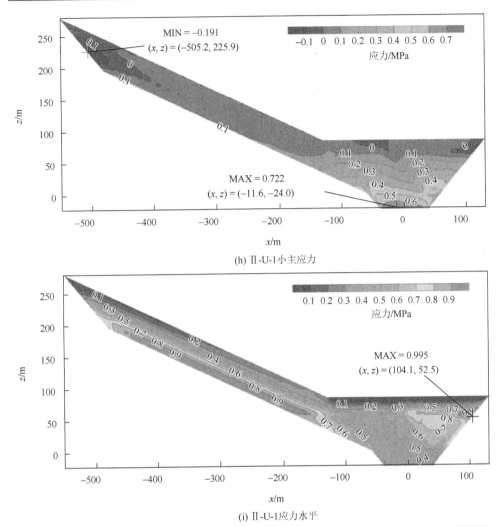

(h) Ⅱ-U-1小主应力

(i) Ⅱ-U-1应力水平

图 1-14　施工期堰塞坝概化模型最大纵剖面应力等值线云图

扫码查看彩图

体及地基大小主应力等值线大体水平成层分布，随深度增加而逐渐增大，在 U 形河谷条件下，大小主应力最大值均位于河谷底部，而在 V 形河谷条件下，大小主应力极值分别位于河床下部左右岸坡处和滑坡底部与河谷交界处，局部受拉区主要位于残余滑坡体后缘和底部，以及新建坝左右坝肩顶部；滑坡体应力水平不高，右坝肩顶部和新建坝中部的应力水平相对较大。在单侧不完全堵江的堰塞体上部新建坝时（Ⅱ-U-1），坝体及地基大小主应力极值也位于河谷底部，但极值点略偏向左岸，受拉区范围相对较小；除滑坡体底部外，坝体及地基中应力水平较高区域主要位于新建坝右岸坝肩中部和新建坝中部。

2）堰塞坝蓄水期

分析堰塞坝蓄水期受力变形特征时，为简化问题，忽略土体流变、水的浮力和湿化作用等影响，主要分析防渗体系（防渗墙和防渗帷幕）受到侧向水荷载的作用后的应力变形。如前所述，为统一分析条件，堰塞体和新建坝均采用防渗墙形式，对残余滑坡体采用防渗帷幕的防渗处置方式，防渗墙和帷幕顶部平齐。

图 1-15 展示了蓄水期堰塞坝防渗体系顺河向变形增量等值线云图。可以看出，蓄水后，防渗体系受水压推动向下游位移，极值点大致位于防渗体系中下部。相比较于 U 形河谷（Ⅰ-U-1、Ⅰ-U-2），V 形河谷条件下（Ⅰ-V-1、Ⅰ-V-2），防渗体

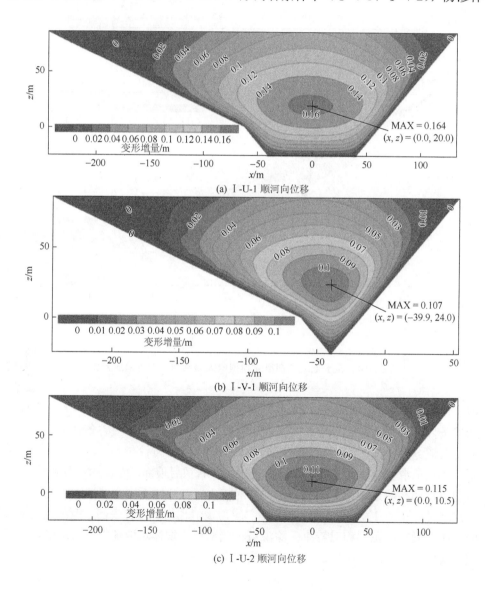

(a) Ⅰ-U-1 顺河向位移

(b) Ⅰ-V-1 顺河向位移

(c) Ⅰ-U-2 顺河向位移

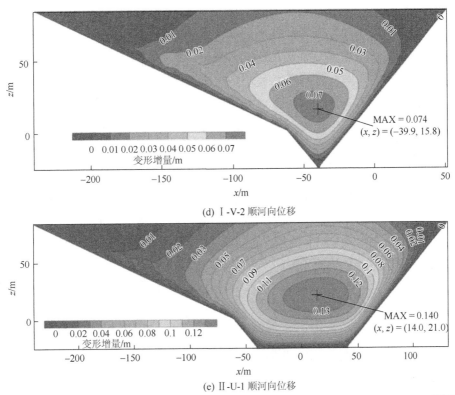

(d) Ⅰ-V-2 顺河向位移

(e) Ⅱ-U-1 顺河向位移

图 1-15　蓄水期堰塞坝防渗体系顺河向变形增量等值线云图

扫码查看彩图

系受力面积相对较小，顺河向位移量约小 35%；顺河向位移云图对称性相对略差，由于防渗体系的上部和左侧面积占比较大，顺河向位移云图极值略偏向左上方。计算分析中，堰塞体的强度和模量略高于新建坝，因此，相比于上部新建坝方案（Ⅰ-U-1、Ⅰ-V-1），采用直接防渗处理的堰塞坝（Ⅰ-U-2、Ⅰ-V-2）的顺河向位移极值相对略小，极值点位置也略低。相比于完全堰塞情况（Ⅰ-U-1、Ⅰ-V-1、Ⅰ-U-2 和 Ⅰ-V-2），不完全堰塞情况（Ⅱ-U-1）下，防渗体系顺河向位移增量云图对称性较差，位移极值略小，极值点略偏向新建坝（即右岸）一侧。

图 1-16 为蓄水期堰塞坝防渗体系应力等值线云图。可以看出，U 形河谷条件下，防渗体系上游面的压应力极值主要位于左右岸两侧和墙体下部，这主要是竖向和坝轴向压应力导致的；防渗体系下游面的拉应力极值也主要位于左右岸两侧和墙体下部，这主要是防渗体系受水压作用向下游变形被嵌岩段所约束，产生竖向和顺河向拉应力的结果。V 形河谷条件下，防渗体系上游面大主应力和下游面小主应力云图形态和极值位置与 U 形河谷基本相同；不同的是，受岸坡形态影响，防渗体系上游面压应力极值主要源于坝轴向应力，而下游面拉应

力则主要是竖向拉应力 δ_z 和剪应力 τ_{yz} 共同作用的结果。如前所述，U 形河谷条件比 V 形河谷条件下防渗体系的顺河向位移略大，与之相协调，U 形河谷条件比 V 形河谷条件下防渗体系的拉压应力极值也略高。由于不完全堰塞情况下防渗体系顺河向位移偏向新建坝（右岸）一侧，相应地，防渗体系大小主应力极值点也位于新建坝（右岸）一侧的岸坡下部，且拉压应力极值略高于完全堰塞的情况。

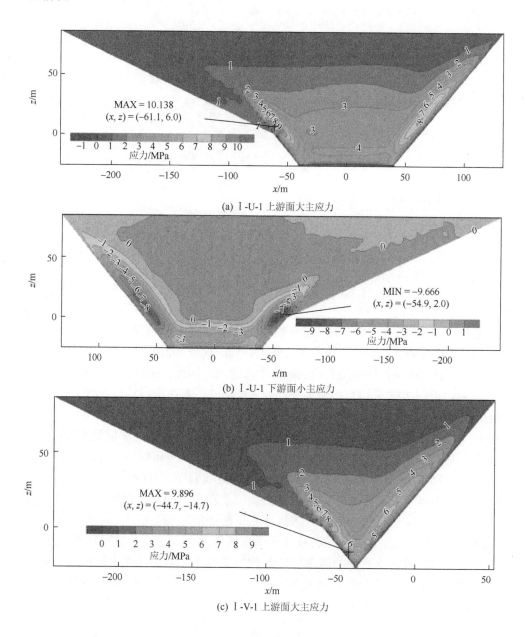

(a) I-U-1 上游面大主应力

(b) I-U-1 下游面小主应力

(c) I-V-1 上游面大主应力

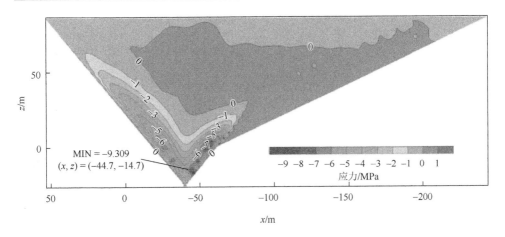

(d) Ⅰ-V-1 下游面小主应力

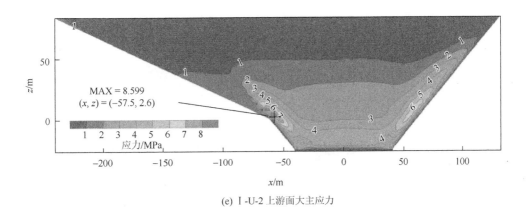

(e) Ⅰ-U-2 上游面大主应力

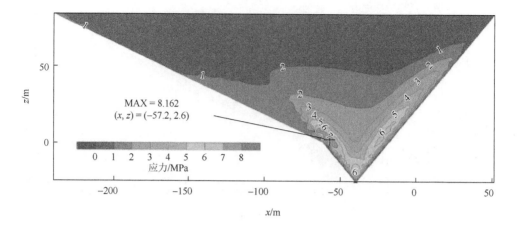

(g) Ⅰ-V-2 上游面大主应力

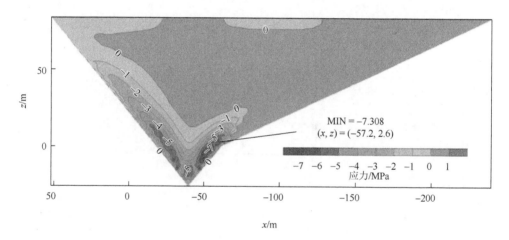

(h) Ⅰ-V-2 下游面小主应力

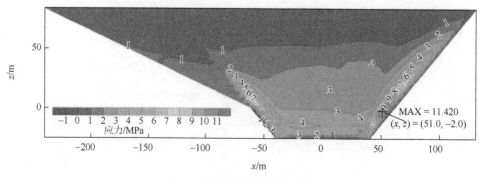

(i) Ⅱ-U-1 上游面大主应力

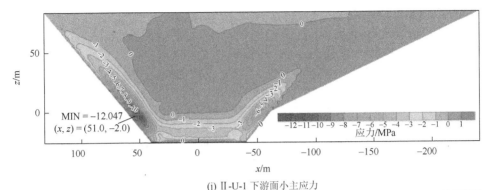

(j) Ⅱ-U-1 下游面小主应力

图 1-16　蓄水期堰塞坝防渗体系应力等值线云图

扫码查看彩图

参 考 文 献

柴贺军, 刘汉超, 张倬元. 1995. 一九三三年叠溪地震滑坡堵江事件及其环境效应. 地质灾害与环境保护, (1): 7-17.

柴贺军, 刘汉超, 张倬元, 等. 2001. 天然土石坝稳定性初步研究. 地质科技情报, (1): 77-81.

程凯, 杨再宏, 张承. 2015. 牛栏江红石岩堰塞湖除险防洪工程设计//水电水利规划设计总院, 中国水力发电工程学会混凝土面板堆石坝专业委员会, 中国电建集团昆明勘测设计研究院有限公司, 等. 土石坝技术: 2015 年论文集. 北京: 中国电力出版社.

何宁, 娄炎, 何斌. 2008. 堰塞体的加固与开发利用技术. 中国水利, (16): 26-28.

黄青松. 2014. 小南海地震滑坡的成因机制及动力学特性研究. 成都: 成都理工大学.

刘高峰, 王启国. 2009. 金沙江上江坝址水文地质特征及对大坝防渗影响的探讨. 资源环境与工程, (5): 566-569.

刘宁. 2014. 红石岩堰塞湖排险处置与统合管理. 中国工程科学, 16 (10): 39-46.

刘宁, 程尊兰, 崔鹏, 等. 2013. 堰塞湖及其风险控制. 北京: 科学出版社.

刘宁, 杨启贵, 陈祖煜. 2016. 堰塞湖风险处置. 武汉: 长江出版社.

罗刚. 2012. 唐家山高速短程滑坡堵江及溃坝机制研究. 成都: 西南交通大学.

聂高众, 高建国, 邓砚. 2004. 地震诱发的堰塞湖初步研究. 第四纪研究, (3): 293-301.

石振明, 马小龙, 彭铭, 等. 2014. 基于大型数据库的堰塞坝特征统计分析与溃决参数快速评估模型. 岩石力学与工程学报, 33 (9): 1780-1790.

王启国, 颜慧明, 刘高峰. 2012. 金沙江虎跳峡水电站上江坝址若干关键工程地质问题研究. 水利学报, (7): 816-825.

王伟, 殷殷, 潘洪武, 等. 2018. 基于接触力学的堰塞坝防渗墙应力变形分析. 水力发电学报, 37 (12): 94-101.

王小波, 向锋. 2012. 堰塞湖成因与工程地质问题. 人民长江, 43 (3): 36-38.

王杨科, 孙欢, 代娇娇. 2013. 我国堰塞湖溃坝特点及其防治. 科技信息, (19): 485-486, 514.

胡卸文, 罗刚, 王军桥, 等. 2010. 唐家山堰塞体渗流稳定及溃决模式分析. 岩石力学与工程学报, 29(7): 1409-1417.

王云南, 任光明, 夏敏, 等. 2016. 滑坡堰塞坝稳定性研究综述. 中国地质灾害与防治学报, 27 (1): 6-14.

汪志刚, 杜奎. 2015. 红石岩堰塞体及堰塞体坝基工程地质特性分析与研究. 云南水力发电, 31 (5): 70-72, 92.

燕乔, 王立彬, 毕明亮. 2009. 地震堰塞湖的综合治理与开发利用. 水电与新能源, (4): 33-35.

杨江涛, 石振明, 张清照, 等. 2018. 堰塞坝坝体材料力学特性的离散元方法 (DEM) 研究. 工程地质学报, 26 (s1): 631-638.

杨其国. 2003. 天龙湖水电站进水口高边坡稳定性研究分析. 四川水力发电，22（2）：66-68.

叶华林. 2018. 基于堰塞坝几何形态的数理统计对其稳定性影响研究. 成都：西南交通大学.

赵成，王根龙，胡向德，等. 2011. "8.8"舟曲暴雨泥石流的成灾模式. 西北地质，44（3）：63-70.

赵元弘. 2008. 小南海水库地震堰塞坝体防渗处理. 水利水电科技进展，28（5）：39-44.

张宗亮，张天明，杨再宏，等. 2016. 牛栏江红石岩堰塞湖整治工程. 水力发电，42（9）：83-86.

中华人民共和国水利部. 2022. 堰塞湖风险等级划分与应急处置技术规范：SL/T 450—2021. 北京：中国水利水电
出版社.

钟启明，钱亚俊，单熠博. 2021. 崩滑堰塞湖的形成-孕灾-致灾机理与模拟方法. 人民长江，52（2）：90-98.

Anastassopoulos K，Hoek E，Milligan V，et al. 2004. Thissavros hydropower plant managing geotechnical problems in the
construction//The Fifth International Conference on Case Histories in Geotechnical Engineering，New York.

Atwood W W. 1918. Relation of landslides and glacial deposits to reservoir sites in the San Juan Mountains，Colorado.
Washington：Government Printing Office.

Casagli N，Ermini L，Rosati G. 2003. Determining grain size distribution of the material composing landslide dams in the
Northern Apennines：Sampling and processing methods. Engineering Geology，（69）：83-97.

Costa J E. 1985. Floods from dam failures. Denver：U.S. Geological Survey.

Costa J E，Schuster R L. 1988. The formation and failure of natural dams. Geological Society of America Bulletin，100（7）：
1054-1068.

Costa J E，Schuster R L. 1991. Documented historical landslide dams from around the world. Vancouver：U. S. Geological
Survey.

Ermini L，Casagli N. 2003. Prediction of the behaviour of landslide dams using a geomorphological dimensionless index.
Earth Surface Processes and Landforms，28（1）：31-47.

Foster D，Bole D，Deere T. 2014. Rio Grande Dam—Seepage Reduction Design and Construction//the ASCE Rocky
Mountain Geo-Conference. Reston：American Society of Civil Engineers（ASCE）.

Leobacher A. 2009. Errichtung von zusätzlichen Entspannungsbrunnen beim Erddamm Durlaßboden. Österreichische
Wasser- und Abfallwirtschaft，61（9-10）：144.

Koyama M，Kawashima M，Takamatsu T，et al. 1989. Mineralogy and geochemistry of sediments from Lakes Taupo and
Waikaremoana，New Zealand. New Zealand Journal of Marine and Freshwater Research，23（1）：121-130.

Schuster R L. 1995. Landslide dams—A worldwide phenomenon. Journal of the Japan Landslide Society，31（4）：38-49.

Schuster R L. 2006. Interaction of dams and landslides—Case studies and mitigation. Vancouver：U. S. Geological
Survey.

Shen D Y，Shi Z M，Peng M，et al. 2020. Longevity analysis of landslide dams. Landslides，17（8）：1797-1821.

Wilson S D，Squier R. 1969. Earth and rockfill dams//The 7th International Conference on Soil Mechanics and Foundation
Engineering，Mexico：137-223.

Záruba Q. 1974. Importance of Quaternary events for the geological conditions of building sites. Annales de la Société
géologique de Belgique，259-272.

第 2 章 堰塞坝安全监测技术及应用

2.1 InSAR 表面变形监测技术

堰塞（湖）坝应急处置及其开发利用整治工程中，堰塞坝及高边坡仍处于不稳定阶段（刘宁等，2013，2016），采用常规监测手段对堰塞坝及高边坡进行表面变形监测将面临巨大风险[1]。常规监测手段通常采用接触式，测量仪器安装布设在监测目标的表面，存在抗灾害破坏能力不足、覆盖范围较小、受到恶劣天气影响较大等问题，另外，这种单点式的测量结果难以满足对区域大范围连续监测的需求。

近年，以 GNSS、InSAR、三维激光扫描、倾斜摄影等技术为代表的非接触式变形监测技术在土木、交通、地质、矿山、水利等领域的变形监测中得到了日益广泛的应用，尤其适用于大范围、高精度、自动化、连续式的变形监测需求，相比传统的接触式测量技术有着无法比拟的优势。合成孔径雷达（synthetic aperture radar，SAR）是一种高分辨率雷达，其特点是分辨率高，能进行全天时、全天候、大范围（数公里全面覆盖）、高精度（监测精度达亚毫米）的实时自动化监测，可以在十分恶劣的环境条件下识别监测物体并获取监测物体的高分辨率雷达影像。差分干涉雷达是 SAR 的一个重要应用，该技术已经在最近十余年内得到快速发展和应用。

合成孔径雷达干涉技术（InSAR）可以全天时、全天候地对大范围观测场景进行微小形变信息的提取，适用于对大范围地表沉降变形等的实时监测。InSAR 分为星载和地基两种，其中，星载 InSAR 时常受大气干扰，监测精度相对较低，且重返周期长，连续监测能力较差，导致星载 InSAR 无法实现大范围区域内高精度实时监测，可用于大型工程的长期变形监测；而地基干涉合成孔径雷达干涉技术（GB-InSAR）具有可连续观测、观测周期短、监测精度高（可达亚毫米）、分辨率高、监测点可达百万级等优点，可对监测对象进行非接触性测量，可用于对大型工程的实时高精度变形监测。

2.1.1 InSAR 的测量原理

InSAR 是采用一种微波干涉技术的创新雷达，集成合成孔径雷达（SAR）、干

---

① 《山洪灾害监测预警系统设计导则》（SL 675—2014）

涉测量技术（interferometry）和步进频率连续波（stepped frequency continuous waveform，SFCW）技术等多种先进技术，具有高精度、高空间分辨率、高采样频率和多角度观测等优势。其基本原理是通过 SAR 技术提高 InSAR 系统的方位向分辨率，通过 SFCW 技术提高 InSAR 系统的距离向分辨率，通过干涉测量技术获取 InSAR 系统的高精度视线向形变。InSAR 系统通过雷达信号接收器沿着滑动轨道进行移动形成合成孔径效果，用于测量雷达小天线接收信号的幅度与相位信息，并通过差分干涉测量技术获取地基雷达监测区域的地形信息和相对形变信息，从而达到监测地表形变的目的。

InSAR 系统中集成的合成孔径雷达（SAR）成像技术是一种高分辨率微波遥感成像技术，该技术利用小天线作为单个辐射单元，向某一固定方向移动，在不同的位置上接收同一监测物体返回的雷达信号并进行相关处理，进而成像。通过小天线的运动形成一个等效的大天线，从而获得高分辨率的星载合成孔径雷达图像，如图 2-1 所示。

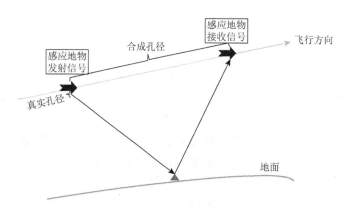

图 2-1　合成孔径雷达成像原理图

InSAR 系统以固定的视角不断地发射和接收回波信号，经过聚焦处理后形成极坐标形式的二维 SAR 影像。根据合成孔径雷达成像技术原理，设 InSAR 系统发射的信号带宽为 B，雷达信号波在空气中的传播速度为 c，则 InSAR 系统的斜距向分辨率为 $c/2B$，若 InSAR 系统发射的信号波长为 λ，系统在轨道上移动的最远距离为 L，则 InSAR 系统的方位向分辨率为 $\lambda/2L$。因此，在影像像元内，距离向分辨率是固定不变的，而方位向分辨率与像元夹角及目标距离有关，将距离向与方位向进行结合，监测区域被分为若干个二维小像元，如图 2-2 所示，监测距离越远，方位向分辨率越低。

InSAR 系统中的干涉测量即差分干涉测量，是利用同一地区不同时间、不同相位的 SAR 影像，利用差分干涉测量原理，获取该监测区域的地表形变信息的技术手段。图 2-3 为 InSAR 系统对目标点 P 的干涉测量示意图。

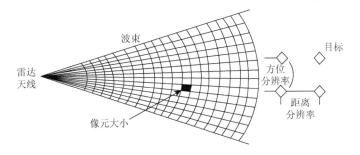

图 2-2　InSAR 影像分辨率示意图

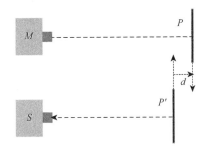

图 2-3　InSAR 干涉测量示意图

设固定观测基站观测目标点为 P，P' 为监测目标点 P 移动后的位置，移动后 P 与 P' 之间的距离为 d，P 点移动前后的相位分别为 φ_{M} 和 φ_{S}，则两者的干涉相位为 $\Delta\varphi_{\mathrm{MS}}$。

$$\Delta\varphi_{\mathrm{MS}} = \varphi_{\mathrm{S}} - \varphi_{\mathrm{M}} = \frac{4\pi(SP' - MP)}{\lambda} = \frac{4\pi d}{\lambda} \tag{2-1}$$

式中，φ_{M} 为雷达第一次成像的相位；φ_{S} 为雷达第二次成像的相位；MP 为监测目标点与监测基站的距离；SP' 为监测目标点发生形变后与监测基站的距离；λ 为雷达波长，由式（2-1）得目标点 P 的形变量 d 为

$$d = \frac{\lambda}{4\pi}\Delta\varphi_{\mathrm{MS}} \tag{2-2}$$

式（2-2）是在空间基线为 0，不考虑其他因素干扰的前提下得到的理论公式，通过两次接收雷达波的相位信息可以准确地计算监测物体的径向位移变化。

2.1.2　GB-InSAR 表面变形监测技术

1）GB-InSAR 监测流程

堰塞坝边坡所处一般地势陡峭，地形复杂，外部山体形态变化不稳定，易受

人类活动和恶劣天气的影响，这些因素往往会对边坡监测产生极大的困难。因此，在监测前要整体规划，制定一个完整规范的监测流程。该工作流程主要包括：构建地基干涉合成孔径雷达干涉技术（GB-InSAR）监测体系、采集实验数据、数据处理、制作边坡形变图、建立边坡预警模型以及制定相应的安全措施和应急预案等。具体监测流程如图 2-4 所示。

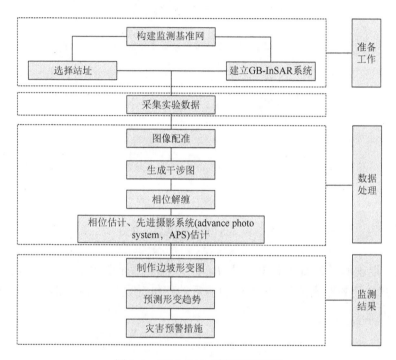

图 2-4　GB-InSAR 系统监测流程

2）GB-InSAR 监测关键技术

GB-InSAR 关键技术主要包含图像配准、生成干涉图、相位解缠、相位校正、地理编码等。

图像配准技术是生成干涉图的基础，也是 GB-InSAR 变形监测的关键步骤之一，通过 GB-InSAR 系统在轨道上的两次滑动将所获取的 SAR 影像中同一监测物体的像元匹配到同一位置的点位上，并利用该点位在两幅不同的时间获取的 SAR 影像重叠的相位信息计算 SAR 影像的相干值即可完成 SAR 影像的图像配准。

在完成图像配准后，提取由二维 SAR 影像数据生成高质量干涉图的干涉相位，为相位解缠做准备。由于噪声以及平地效应的存在，在完成相位解缠工作前，不仅需对干涉图进行降噪处理，而且还需要去除平地效应，从而可以获取更加直观的高程信息和稀疏的干涉条纹，为相位解缠工作提供便利。干涉图噪声及平地效应会严重影响 GB-InSAR 数据处理中 SAR 影像的图像质量,导致相位解缠工作无法实现。只有有效地减少噪声及平地效应对干涉图的干扰,才能保证获取高质量的 GB-InSAR 形变图。相位解缠主要是将 GB-InSAR 获取的干涉相位的主值还原为真值,也是 GB-InSAR 变形监测的关键技术之一,相位解缠的准确性直接影响 GB-InSAR 监测结果的精度。

大气相位校正是指当雷达电磁波信号经过大气层时,大气会对电磁波信号产生折射和散射影响,导致其传播路径延迟,从而形成大气效应,对干涉结果造成严重影响。因此在数据处理过程中,需要考虑大气相位对监测结果的影响,以提高监测精度。

完成以上工作的同时,采用多源数据融合技术,将 GB-InSAR 技术与其他监测技术结合并分析出边坡综合形变信息,再对获取的综合变形监测结果进行地理编码,并将雷达坐标系中的识别到的边坡的点、线、面等属性映射到同一个地理坐标系下。

3)GB-InSAR 监测的作业条件

为了更好地监测目标区域,在选择观测房时,应该考虑到以下条件。

(1)持续供电。为了保证设备可以连续 24h 进行监测,GB-InSAR 系统需要持续供电。所以在安装 GB-InSAR 设备时,应保证对该设备的持续供电,若现场出现短时间断电情况,应采用不间断电源(uninterruptible power supply,UPS)继续供电。

(2)监测距离及范围。在施工现场布设过程中,应根据施工现场所处位置的地貌、水文等条件将雷达设备的监测距离及监测范围控制在合理的范围内,雷达设备最远监测距离应小于 5km,最大覆盖范围应小于 10km^2,在此基础上,监测距离越远,雷达接收回波信号越弱,其误差效果越大,监测效果越差,所以应根据现场实际情况选择合适的监测距离。

(3)通视条件。GB-InSAR 系统应该在能见度高的条件下工作,若能见度较低,则会对 GB-InSAR 系统的监测结果造成一定的误差,影响其监测精度。同时在雷达设备与监测目标之间不能有障碍物存在,如岩石、树木、设备、无关人员等。如果存在障碍物,监测目标的反射强度会减弱,最终影响监测设备的数据处理结果。

(4)设备安放点稳定性。在监测过程中,雷达监测设备应平稳放置,不能受到振动。所以在选址过程中,要考虑将监测房安置于水平地面上。

(5)仪器架设位置。观测边坡时,应对设备视线方向和主滑移方向的夹角进行权衡,夹角越小,监测雷达对形变信号的强度越敏感,但不利于接收回波信号。

(6)植被。GB-InSAR 系统的雷达波频率较高,波长较短,其雷达信号对目标物体的形变比较敏感,但如果在监测区域内存在大量的植被,由于空气流动的影响，植被会发生摇摆，雷达无法完整、准确地接收监测目标的形变信号，最终会影响 GB-InSAR 系统的监测效果。因此监测区域应选择植被稀疏的区域。

4）基于天基 InSAR 的 PSI 技术

永久散射体雷达干涉（persistent scatterer InSAR，PSI）技术核心仍是合成孔径雷达（SAR）原理，通过卫星搭载的合成孔径雷达传感器和地面目标（如边坡、大坝和道路等人工建筑物）之间的距离变化信息，获取高密度目标点的雷达视线向形变值，转换得到地面目标形变，适用于监测长期发生缓慢形变的区域。目前一般应用 Sentinel-1A 卫星 C 波段合成孔径雷达影像，采用加泰罗尼亚电信技术中心（Centre Tecnològic de Telecomunicacions de Catalunya，CTTC）研发的 PSI 数据处理软件，进行差分干涉处理分析。

2.2　基于分布式光纤应变传感技术的变形与受力监测技术

2.2.1　分布式光纤应变传感测量原理

光在光纤中传播，会发生散射，主要有 3 种散射：瑞利（Rayleigh）散射、拉曼（Raman）散射和布里渊（Brillouin）散射，如图 2-5 所示。

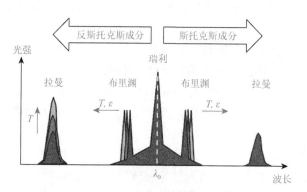

图 2-5　光纤内三种形式的散射

其中，瑞利散射由入射光与微观粒子的弹性碰撞产生，散射光的频率与入射光的频率相同，在利用后向瑞利散射的光纤传感技术时，一般采用光时域反射结构来实现被测量的空间定位；拉曼散射由光子和光声子的非弹性碰撞产生，波长大于入射光为斯托克斯光，波长小于入射光为反斯托克斯光，斯托克斯光与反斯托克斯光的强度比和温度有一定的函数关系，一般利用拉曼散射来实现温度监测；布里渊散射由光子与声子的非弹性碰撞产生，散射光的频率发生变化，变化的大小与散射角和光纤的材料特性有关。与布里渊散射光频率相关的光纤材料特性主要受温度和应变的影响，研究证明，光纤中布里渊散射信号的布里渊频移和功率与光纤所处环境温度和承受的应变在一定条件下呈线性关系，以式（2-3）表示，因此通过测定脉冲光的后向布里渊散射光的频移就可实现分布式温度、应变测量，利用布里渊散射来进行感测的分布式光纤监测技术有基于布里渊光时域分析技术（Brillouin optical time-domain analysis，BOTDA）、基于布里渊光时域反射技术（Brillouin optical time-domain reflectometry，BOTDR）和基于布里渊光频域分析技术（Brillouin optical frequency-domain analysis，BOFDA）。

$$\begin{cases} \Delta V_B = C_{VT} \Delta T + C_{V\varepsilon} \Delta \varepsilon \\ \dfrac{100 \Delta P_B}{P_B(T, \varepsilon)} = C_{PT} \Delta T + C_{P\varepsilon} \Delta \varepsilon \end{cases} \qquad (2\text{-}3)$$

式中，ΔV_B 为布里渊频移变化量；ΔT 为温度变化量；$\Delta \varepsilon$ 为应变变化量；C_{VT} 为布里渊频移温度系数；$C_{V\varepsilon}$ 为布里渊频移应变系数；ΔP_B 为布里渊功率变化量；C_{PT} 为布里渊功率温度系数；C_{Ps} 为布里渊功率应变系数。

2.2.2 基于分布式光纤的堰塞坝防渗墙受力变形监测技术

1）监测技术基本原理与计算方法

利用分布式光纤传感技术应变分布式测量的特点，将传感光纤分别布置于堰塞坝混凝土防渗墙的上游面、中部、下游面，测得墙体不同位置处的分布式应变，进而可得到相应位置防渗墙的应力分布和墙顶沉降；同时根据材料力学纯弯构件理论，可推算得到防渗墙不同埋深处承受弯矩、剪力和水平位移的分布（挠度）。

根据材料力学梁弯矩、挠度理论，对于平行布设混凝土防渗墙上游面、下游面，其光纤应变 $\varepsilon_1(x)$、$\varepsilon_2(x)$ 与混凝土防渗墙的弯矩和挠度变形存在如下关系：

$$M(x) = \frac{I_z E [\varepsilon_1(x) - \varepsilon_2(x)]}{Y} \qquad (2\text{-}4)$$

$$EI_z y_D''(x) = -M(x) \qquad (2\text{-}5)$$

联合式（2-4）和式（2-5）后采用二次积分即可得到防渗墙挠度变形，见式（2-6），对防渗墙弯矩拟合函数求导即可求得结构的水平向剪力分布。

$$y_D(x) = -\int \left[\int \frac{\varepsilon_1(x) - \varepsilon_2(x)}{Y} dx \right] dx + C_1 x + C_2 \qquad (2\text{-}6)$$

式（2-4）～式（2-6）中，Y 为两条平行光纤的间距；E、I_z 分别为光纤依附结构混凝土防渗墙的弹性模量、惯性矩；C_1 和 C_2 为通过挠度曲线边界条件确定的两个参数。

令式（2-4）中 $\varepsilon_1(x) - \varepsilon_2(x) = \omega(x)$，根据分布式传感光纤技术的分布式特点，防渗墙上游面、下游面传感光纤为准分布式测量结果，在工程实际应用中，基于分布式光纤传感的堰塞坝防渗墙变形与受力监测技术应变差函数 $\omega(x)$ 可基于其准分布式测量结果采用多项式方法或引用傅里叶级数的三角函数展开公式对其进行函数拟合。

2）模型试验验证

为了验证该监测技术的测量精度，分别采用 H 型钢和方钢两种不同长度及结构形式的材料开展了模型试验。

H 型钢试验主要针对短距离、集中受载情况，采用简支梁四点弯加载形式，材料选用截面尺寸 488mm×300mm 的 HM 中翼缘型钢。试验装置如图 2-6 所示，结构总长 4.0m，中间两点集中荷载（F）间距 0.86m，呈左右对称布置。光纤沿 H 型钢轴向布设在翼缘以及翼缘与腹板的夹角处，上下对应相同位置构成一条测量回路。加载分 4 级，总荷载为 60kN（B_1）、240kN（B_2）、420kN（B_3）、600kN（B_4）。为排除 H 型钢自重影响，分析时均以第一次加载的光纤应变值作为初值。

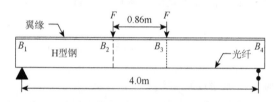

图 2-6　H 型钢试验装置示意图

方钢试验主要针对长距离、多个受力控制点的情况，采用分段点位移控制加载形式，材料选用壁厚 2.75mm、截面边长 100mm×100mm 的方钢。试验装置如图 2-7 所示，结构总长 59.2m，首尾及每隔 14.8m 位置处设置钢架支撑，钢架上设有位移标尺和拉力传感器，通过调整螺栓长度控制各分段点结构体位移变形情况，并记录对应受力状态。光纤沿方钢轴向上下左右四面、中央两两平行布设，呈十字对角构成两条测量回路。考虑方钢本身惯性矩较小，装置跨度较大，光纤布设前受自重影响已经产生部分未被记录的变形。为避免自重变形产生记录误差，试验过程以相邻两次试验各测点的受力、位移差为一组试验编号，记录每级加载受力、位移及应变变化，并以两两应变差值为基础进行分析。共开展 4 次加载试验，获得 3 组应变变化，具体布设及加载方案见表 2-1。

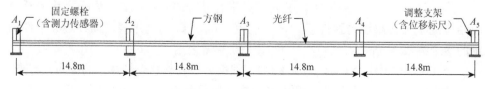

图 2-7　方钢试验装置示意图

表 2-1　试验参数设置及加载方案

材料/尺寸/mm	弹性模量/MPa	惯性矩/cm⁴	光纤布设位置	加载位置/m		试验编号及加载方案			
						①	②	③	④
方钢 100×100 壁厚2.75	210×10³	154.6	光纤	A_1	0	−0.4mm/−2N	0.2mm/−23N	−0.1mm/−5N	—
				A_2	14.8	−0.8mm/15N	54.6mm/58N	0.5mm/24N	—
				A_3	29.6	−0.2mm/−40N	0.2mm/−52N	−0.2mm/−59N	—
				A_4	44.4	38.3mm/47N	−0.1mm/20N	59.1mm/62N	—
				A_5	59.2	−0.2mm/−20N	0.3mm/−3N	0mm/−22N	—
H 型钢 488×300	210×10³	71400	光纤	B_1	0	固定铰接			
				B_2	1.57	30kN	120kN	210kN	300kN
				B_3	2.43	30kN	120kN	210kN	300kN
				B_4	4	固定铰接			

进行 H 型钢和方钢试验时，均采用 E44 环氧树脂和 593 固化剂混合液作为粘贴胶剂，将传感光纤与钢材表面完全黏合，试验装置现场见图 2-8。

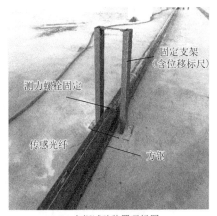

(a) H型钢试验装置现场图　　　　　　　　(b) 方钢试验装置现场图

图 2-8　试验装置现场图

试验中采用瑞士 OMNISENS 公司的 DiTeSt 分布式光纤监测系统，该系统是基于受激布里渊散射（stimulated Brillouin scattering，SBS）原理的 BOTDA 技术，设置应变测量点密度为最小空间分辨率 0.25m，最小精确度为 ±20με。为尽可能消除环境等因素产生的随机衰减，试验时取 6 次测量结果的算术平均值作为测值。同时，为了验证测量结果的可靠性，依照试验方案建立数值模型进行有限元计算，提取对应位置的数模结果进行对比验证。

以方钢第 2 组试验为例，应变实测值及数模拟合结果对比见图 2-9，挠度变形及拟合结果对比见图 2-10。表 2-2 和表 2-3 则分别汇总了方钢和 H 型钢的模型试验剪力对比结果。可以看出，对短距离集中受力和长距离多点受力情形，剪力位置拟合结果 H 型钢试验的最大平均误差 5.02%，方钢试验最大平均误差为 2.75%；剪力大小拟合结果 H 型钢试验的最大平均误差为 7.71%，方钢试验最大平均误差为 7.67%。

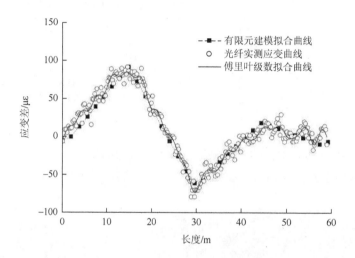

图 2-9　方钢第 2 组模型试验应变拟合结果对比

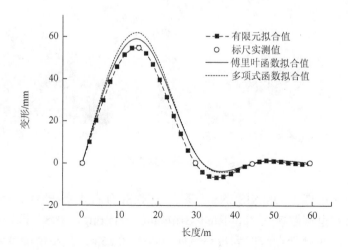

图 2-10　方钢第 2 组模型试验挠度变形拟合结果对比

表 2-2　方钢模型试验剪力对比分析表

| 试验编号 | 位置/m | | 绝对误差/m | 相对误差/% | 平均误差/% | 剪力/N | | | 绝对误差/N | 相对误差/% | 平均误差/% |
	实际值	拟合值				分段位置	理论值	拟合值			
方钢①	14.8	15.74	0.94	6.35	2.75	0.00～14.8	−2	−1.68	0.32	16.00	7.67
	29.6	29.84	0.24	0.81		14.8～29.6	+13	12.35	0.65	5.00	
	44.4	43.92	0.48	1.08		29.6～44.4	−27	−25.98	1.02	3.78	
	59.2	—	—	—		44.4～59.2	+20	+18.82	1.18	5.90	
方钢②	14.8	15.05	0.25	1.69	0.95	0.00～14.8	−23	−22.12	1.88	3.83	6.49
	29.6	29.51	0.09	0.30		14.8～29.6	+35	35.42	0.42	1.20	
	44.4	44.78	0.38	0.86		29.6～44.4	−17	−15.60	1.40	8.24	
	59.2	—	—	—		44.4～59.2	+3	+2.62	0.38	12.67	
方钢③	14.8	14.33	0.47	3.18	1.51	0.00～14.8	−5	−4.56	0.44	8.80	4.34
	29.6	29.83	0.23	0.78		14.8～29.6	+19	+18.00	1.00	5.26	
	44.4	44.15	0.25	0.56		29.6～44.4	−40	−39.01	0.99	2.48	
	59.2	—	—	—		44.4～59.2	+22	+21.82	0.18	0.82	

表 2-3　H 型钢模型试验剪力对比分析表

| 试验编号 | 位置/m | | 绝对误差/m | 相对误差/% | 平均误差/% | 剪力/kN | | | 绝对误差/kN | 相对误差/% | 平均误差/% |
	实际值	拟合值				分段位置	理论值	拟合值			
H 型钢②-①	1.57	1.49	0.08	5.10	5.02	0.10～1.57	−90	−85.57	4.43	4.92	7.71
	2.43	2.31	0.12	4.94		1.57～2.43	0	−10.20	10.20	—	
	3.90	—	—	—		2.43～3.90	+90	+80.56	9.44	10.49	
H 型钢③-①	1.57	1.54	0.03	1.91	3.43	0.10～1.57	−180	−170.01	9.99	5.55	7.63
	2.43	2.31	0.12	4.94		1.57～2.43	0	−18.96	18.96	—	
	3.90	—	—	—		2.43～3.90	+180	+162.50	17.50	9.72	
H 型钢④-①	1.57	1.60	0.03	1.91	2.60	0.10～1.57	−270	−255.73	14.27	5.58	5.94
	2.43	2.35	0.08	3.29		1.57～2.43	0	−15.09	15.09	—	
	3.90	—	—	—		2.43～3.90	+270	+253.01	16.99	6.29	

综合上述对比结果来看，采用傅里叶级数或多项式拟合的结果与光纤实测结果及有限元计算结果均能很好地吻合，表明基于分布式光纤的测量系统具有较高的测量精度和可靠性。

2.3　并联式堰塞坝坝体内部沉降变形监测技术

1）技术方案

　　并联式堰塞坝内部沉降变形监测设备主体为埋设于堰塞坝内部钻孔中不同深度处并联的大量程位移传感器和位移块。其中，位移块通过嵌入堰塞坝内部的弹性爪与土体紧密结合，可随堰塞坝内部沉降变形而发生移动，进而带动位移传感器的位移杆移动，使位移传感器电感发生变化。通过测量不同深度处并联式位移传感器的电感变化，就可测得各被测土层的沉降变形。采用该技术对堰塞坝坝体内部沉降进行实时监测时，监测设备埋设在堰塞坝内部，而位移传感器的信号电缆则引至堰塞坝顶部，汇集成若干根数据电缆，通过出线器并采用保护管引至坝体场地以外的安全区域（或监测房），再与外部信号接收读数仪相连接。整套仪器设备结构布置示意如图 2-11 所示，实物照片见图 2-12。

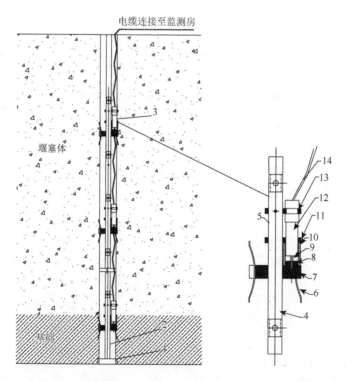

1.法兰底盘；2.支撑件；3.位移监测单元；4.套管；5.刚性基准杆；6.弹性爪；7.位移块；8.连接件；
9.位移杆；10.保护筒；11.第二限位固定夹子；12.位移传感器；
13.第一限位固定夹；14.位移传感器信号电缆

图 2-11　并联式堰塞坝坝体内部沉降变形监测仪器设备结构示意图

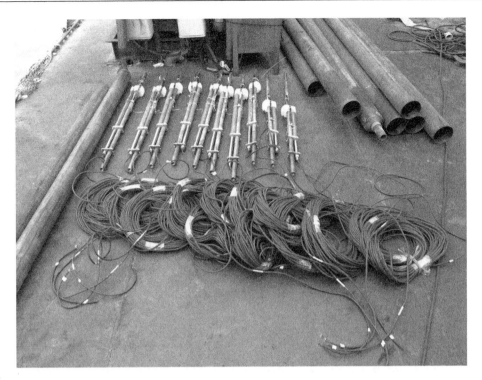

图 2-12　并联式堰塞坝坝体内部沉降变形监测仪器设备实物照片

2）仪器设备技术要点

（1）安装钻孔孔径为 150～200mm。

（2）刚性基准杆为直径不小于 50mm 的大刚度钢杆（或管壁不小于 10mm 的钢管），以保证刚性基准杆在堰塞坝内部具有良好刚度且保持垂直。刚性基准杆通过两端加工外螺纹并用连接套管连接。每根基准杆长可根据现场安装环境设置为 1～3m。基准杆距离外螺纹 10cm 处均设置直径 10mm 的通孔，用于插加力杆以紧固基准杆螺纹，该加力杆同时可作为安装下沉入孔时的吊装着力点。

（3）基准杆连接套管与基准杆外径尺寸相同，其两端加工成与基准杆外螺纹相匹配的内螺纹，连接套管中部打设直径 10mm 的通孔，该通孔功能与基准杆上通孔功能相同。

（4）大量程位移传感器采用线性可变差动变压器（linear variable displacement transducer，LVDT）大量程电感位移计，其量程可达 1000mm，精度为 0.1%F.S.；传感器的位移杆与仪器元件应相互独立，使位移杆活动自如，封装完成的位移传感器直径小，且不受量程大小影响。

（5）位移传感器位移杆为直径 6mm 的不锈钢杆，下部设置连接螺纹与连接组件固定连接。

（6）位移传感器限位固定夹和位移传感器支撑导向限位夹均为金属组装式构件，便于现场快速装配，采用金属材质以保证其固定和支撑强度。

（7）位移传感器的位移杆保护筒为高韧性刚性保护筒，其内径与位移传感器外径匹配，保护筒下部采用螺纹结构与位移组件进行刚性连接。

（8）位移块为厚度为60mm的尼龙块，平面形状总体为圆形；位移块平面中部设置与基准杆外径匹配的孔，以保证位移块沿基准杆自由运动；位移块周边固定有弹性爪和定位链，弹性爪总长度大于60cm，安装过程由锁链将其收紧；安装时定位链上部连接在基准杆上，以保证位移块准确定位在所需测量土层深度处；全套测量设备安装入孔到位后，通过特有释放装置，先释放弹性爪使其牢固嵌入被测土层，再释放定位链，使位移块可随土层沉降而沿基准杆移动，以准确测量被测土层的分层沉降。

（9）测量装置中所有位移传感器信号电缆均引至堰塞坝顶部，汇集成一根数据电缆，通过出线器并采用保护管保护，引至坝体场地以外的安全区域（或监测房），与外部电信号接收读数仪相连接。

3）仪器设备安装方法

（1）在待测点位钻孔作为监测孔。

（2）根据现场安装环境及测量深度，确定每个位移监测单元的刚性基准杆长度，将位移监测单元通过套管连接。

（3）采用吊装方式逐段、分段或全段将所述自动化监测装置安装于监测孔内，其中刚性基准杆的底部法兰顶在钻孔底部基岩层。

（4）安装完成后，通过读数仪接收位移传感器信号，检测位移传感器是否工作正常。

（5）确认各位移传感器工作正常后，回填封孔，仪器信号电缆采用保护套管保护，引至坝体场地以外的安全区域（或监测房）。

4）技术特点

（1）本技术设备直接通过数据电缆将传感器信号传输到读数仪，读数仪可安放在坝体外的监测房，适用于测量堰塞坝内部沉降及其基础变形。

（2）可以将大量程位移传感器及其位移板牢固、准确地定位于各被测土层，可提升堰塞坝内部沉降及其基础变形测量的准确性。

（3）使用的位移传感器为高精度、大量程（可达1000mm）电感式位移传感器，位移杆与仪器元件相互独立，位移杆活动自如，封装完成的位移传感器直径小，也不受量程大小影响，安装时无需大直径的钻孔。

（4）各位移监测单元的位移传感器并联连接，因此测量所得各个不同深度的位移相互无影响，其测量结果独立反映所安装位置以下全部土层的内部沉降，减小了累计测量造成的误差。

（5）各安装组件均为装配式，便于现场快速组装和安装；各固定组件能牢固固定于被测土体或刚性基准杆上，活动组件（如位移杆、保护筒、位移块等）在各自活动范围内能自由活动，可提升测量装置的准确性和可靠性。

（6）该测量装置安装便捷、测量简单，可实现远程自动化实时测量。

2.4　堰塞坝工程及高边坡一体化智能监测体系

2.4.1　监测对象与监测项目设置

堰塞坝工程及高边坡一体化监测包括环境量监测和工程安全监测。其中，环境量监测包括上下游水位、气温、降水量等监测项目，主要是为堰塞坝建设与运行调度提供所需的环境量数据；工程安全监测主要监测堰塞坝、高边坡、引水建筑物、泄水建筑物等的渗流、变形和受力等，用以准确评价堰塞坝与高边坡及其水工建筑物的安全特性，确保堰塞坝工程安全。堰塞坝及高边坡一体化监测体系的监测对象包括堰塞坝、两岸边坡、引/泄水建筑物、电站、堰塞湖湖区、堰塞体下游区等；其监测项目包括表面位移、岩体变形、结构受力、渗流渗压、温度、水位、降雨等[①]。

2.4.2　智能采集设备

根据堰塞坝工程及高边坡监测中变形、应力应变、渗流渗压、温度的监控要求和特点，一体化智能监测体系可采用 GM1、GL2 和 GL3 等无智能无线采集终端/系统，这三种类型的采集终端/系统均自带防雷模块，均满足水利水电行业安全监测自动化系统相关规范的要求。

GM1 智能采集终端主要适用于传感器分布比较分散、同一地点以接入单只传感器为主的场景。GM1 智能采集终端具有小体积、低功耗的特点，自带太阳能电池板供电，可接入 1～6 支各类传感器，支持 GSM/CDMA[②]通信方式，也可采用智能远程终端（remote terminal unit，RTU）与测量模块通过通用无线分组业务（general packet radio service，GPRS）、局域网（local area network，LAN）和北斗卫星将测量数据传送至云平台，其网络结构如图 2-13 所示。

---

① 《土石坝安全监测资料整编规程》（DL/T 5256—2010）、《工程测量标准》（GB 50026—2020）、《国家一、二等水准测量规范》（GB/T 12897—2006）、《水利水电工程测量规范》（SL 197—2013）、《水库大坝安全评价导则》（SL 258—2017）、《水工建筑物强震动安全监测技术规范》（SL 486—2011）、《水利水电工程施工测量规范》（SL 52—2015）、《土石坝安全监测技术规范》（SL 551—2012）、《堰塞湖风险等级划分与应急处置技术规范》（SL/T 450—2021）

② GSM：全球移动通信系统，global system of mobile communication

　CDMA：码分多址，code division multiple access

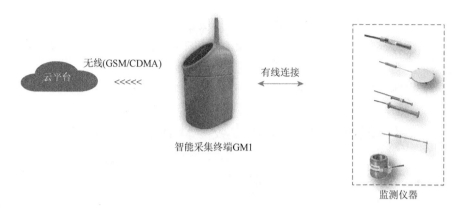

图 2-13　GM1 智能采集终端及其网络结构

　　GL2 无线采集系统（包括 GL2 无线网关和 GL2 智能采集终端）主要适用于一定区域内有大量分散传感器，不易供电和布设电缆的场景，尤其适合施工期的在线安全监测。GL2 无线网关最大支持 6 万个测点，最远可达 15km，可采用交流/直流电源或太阳能供电方式。其功耗很低，采用电池供电时，可 3～5 年更换一次电池。系统通过无线局域网与 GL2 无线网关连接，再利用 GL2 通过 3G/4G/LAN 等方式将监测数据传输至云平台，同时配置无线回传天线接口以及 BT 接口[①]，其网络结构如图 2-14 所示。

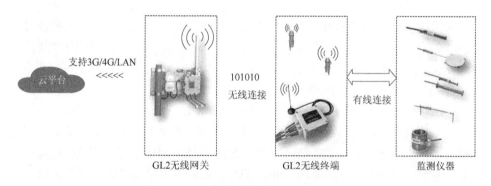

图 2-14　GL2 智能采集系统及其网络结构

　　GL3 无线采集终端基于低功耗远距离无线电（long range radio，LoRa）无线通信组成的一体化全密封装置，并利用内置的 LoRa 无线通信模块发送至网关及智能监测系统与预警平台。GL3 系统可全时在线监测，除可进行常规的应答式监测（召测）外，还具有上/下限、变化率阈值等主动触发上报功能，一旦检测到当前测值超

---

① BT 接口：BitTorrent 协议的接口

过设定阈值，立即向 GL3-GW 型无线网关上报数据，并经无线网关通过互联网上传到智能监测系统与预警平台，传感器相关参数可远程查看、设定及修改。GL3-GW 型 LoRa 无线网关可使用 2G/3G/4G、以太网等将数据上传到监测预警平台的无线数据采集装置，无线网关与无线终端间采用 LoRa 通信，其通信视距可达 5km 或更远；每台无线网关可容纳数千个节点，具备丰富的网络及本地通信方式，并且允许配置多个数据中心，支持 2G/3G/4G 全网通无线传输的同时，还提供包括 LAN、Wi-Fi、USB、RS232/485 以及北斗卫星通信在内的远程及本地通信接口供用户自由选用，同时配置无线回传天线接口以及 BT 接口，其网络结构如图 2-15 所示。系统可采用两种供电方式，即 220V 交流适配器供电或光伏（太阳能）供电。

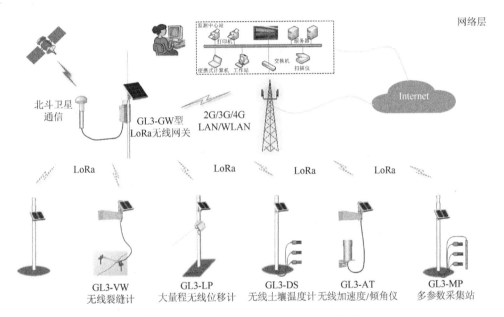

图 2-15　GL3 智能采集终端及其网络结构

2.4.3　智能监测自动化系统

堰塞坝工程及高边坡监测设施分布范围广，测点多，供电、通信不便，传统安全监测自动化方案安装施工不便、造价高。无线采集终端、无线网关等智能采集设备具有适用于分散测点、即插即用、低功耗、自带电池供电或太阳能供电、无线通信、传输距离远等特点，因此堰塞坝及高边坡智能监测自动化系统的监测仪器数据采集装置应优先采用无线采集终端和无线网关等智能采集设备。

堰塞坝工程及高边坡智能监测自动化系统中，传感器与监测站、监测站与监测中心管理站、监测中心管理站与流域安全监测监控中心之间均需要进行通信，可采用按监测站和监测中心管理站两级设置的网络结构，监测站和监测中心管理站之间的信号传输采用无线方式，以解决供电工程量和工作难度。各站点的供电及站点之间的通信可采用以下方式。

1）供电

监测中心管理站可从站内配电箱引入多路 220V 交流电对站内设备进行供电，同时配备一套 UPS，UPS 应能维持设备正常工作 48h。监测站主要用电设备为数据采集仪或低功耗无线采集终端，其中低功耗无线采集终端由自带可更换电池供电；无线网关在有条件的部位采用市电供电，其他部位采用太阳能板和蓄电池供电。

2）传感器与监测站之间通信

监测传感器与监测站之间通过电缆传输信号，将监测结果传输到监测站；在监测站则根据传感器类型和数量安装微控制单元（micro-controller unit，MCU）即可。

3）监测站与监测中心管理站之间通信

监测站与监测中心管理站之间通信可采用"LoRa＋3G/4G"或"3G/4G"的方式。其中，"LoRa＋3G/4G"方式监测站安装无线采集终端，坝址区设置无线网关；无线采集终端与网关之间，利用 LoRa 技术通信；无线网关与监测中心管理之间，利用 3G/4G 信号通信。"3G/4G"方式监测站安装数据采集仪；数据采集仪与监测中心管理之间，利用 3G/4G 信号通信。

2.5　堰塞坝安全监测技术应用案例

2.5.1　工程概况

红石岩堰塞湖整治工程位于牛栏江下游河段，左岸地处云南省昭通市巧家县境内，右岸地处昭通市鲁甸县境内，坝址距上游小岩头水电站厂房约 23km（河道距离，下同），距下游天花板水电站取水坝约 17km。

红石岩堰塞湖整治工程将合并原牛栏江干流规划的第 6 个梯级罗家坪水电站及已建成并在鲁甸"8·3"地震中损毁的第 7 个梯级红石岩水电站，工程任务为消除地震造成的堰塞湖可能引发的洪水等次生灾害，同时完成供水、灌溉、发电等综合利用（张宗亮等，2016，2020）。

工程校核洪水位 1208.06m，相应库容 $1.85\times10^{8}m^{3}$；正常蓄水位 1200m，相应库容 $1.41\times10^{8}m^{3}$；死水位 1180.00m，相应库容 $0.61\times10^{8}m^{3}$。调节库容 $0.80\times10^{8}m^{3}$，具有季调节性能。工程总装机容量 201MW（3×67MW），枢纽等级属Ⅱ等大（2）型，堰塞坝为 1 级建筑物，泄洪建筑物、电站进水口为 2 级建筑物，引水发电建筑物为 3 级建筑物，次要建筑物为 3 级。

枢纽主要由堰塞坝整治、右岸溢洪洞、右岸泄洪冲沙洞、右岸引水发电建筑物等组成。

堰塞坝位于红石岩水电站取水坝下游 1200m 处，堰塞坝顶部左岸高，右岸低，右岸边缘为滑坡岩石堆积体，顶部顺河向平均宽度约 262m，顶部横河向平均长度约 301m，迎水面最低高程点为 1222m，堰塞坝左岸最高点为 1270m，下游最低点高程为 1091.7m，上游迎水面平均坡比约 1∶6，下游面坡比约 1∶10～1∶4。堰塞坝总方量约 1000 万 m³。

堰塞坝整治工作包括对堰塞体、坝基及两岸岸坡进行防渗加固及堰坡部分整治。堰塞坝防渗处理采用防渗墙及帷幕灌浆相结合。防渗墙顶高程为 1209m，沿防渗线路对堰塞坝进行槽挖，开挖断面为梯形，底高程为 1200m，底宽为 15m，侧坡为 1∶1.5。拟定混凝土防渗墙下部接帷幕灌浆的垂直防渗方案。防渗墙顶部长度为 267m，厚 1.2m，底界深入基岩 1m，最深位置约 130m。

堰塞坝右岸边坡崩塌高约 600m，坡度 70°～85°。在崩塌后缘坡面约 60m（距崩塌边缘）范围内卸荷变形缝多见，发育频率约 5m 一条。右岸崩塌边坡治理方案为从上至下清除开裂、松动及倒悬岩体，清坡后实施喷锚支护保护边坡。左岸边坡整体是稳定的，主要是清除顶部陡崖已开裂部分危岩、古滑坡体表面局部不稳定体及表面浮石。

泄水建筑物由右岸溢洪洞、右岸泄洪冲沙放空洞组成。其中，右岸泄洪冲沙放空洞在运行期兼具泄洪和冲沙功能，保证电站进水口"门前清"，必要时可作为水库放空洞，在施工导流期间兼作导流洞；溢洪洞主要参与泄洪，并有排漂功能。堰身应急泄流槽在发生超校核洪水频率时可作为应急泄流通道。

溢洪洞由引渠段、闸室段、无压洞段及出口鼻坎段组成，全长约 1280m。

泄洪冲沙放空洞布置于右岸，中部与原红石岩引水隧洞结合，出口与新建泄洪洞结合。泄洪冲沙洞放空由进口有压洞段、事故闸门井、井后有压洞段、工作闸室段，出口明渠段等组成。

引水建筑物由竖井式进水口和引水隧洞、调压井、压力钢管组成。

2.5.2　监测布置方案

1）GB-InSAR 监测设备配置和监测站选址

采用 GB-InSAR 技术，对红石岩堰塞坝整治工程中右岸崩塌高边坡变形进行了安全监测，实现了对高程 1765m 以下下游侧开挖区进行大范围连续变形监测，实时获取监控区域的真实形变，监控区域见图 2-16。所用主要设备为微变形监测地基干涉雷达系统，设备系统的硬件组成包括以下分系统：总控分系统、雷达收发分系统、配电分系统、轨道分系统和相关扩展件，性能指标如表 2-4 所示。

图 2-16　红石岩堰塞坝右岸崩塌高边坡 GB-InSAR 技术变形监测监控区域

表 2-4　GB-InSAR 监测设备技术指标

参数	数值	参数	数值
频率范围	Ku 波段	工作频率	Ku 波段
雷达体制	捷变频	图像分辨率	0.3m×5.5m rad
作用距离	5km（max）	防护等级	IP65*
监测精度	1mm	系统安装时间	≤30min
监测范围	30°～80°	观测周期	4～10min
俯仰角度	可调节 20°	供电电源	AC 110～220V
工作温度	–30～50℃	存储温度	–30～70℃

*IP（ingress protection）指设备外壳防护等级，由两个数字组成，第一个数字表示防尘，第二个数字表示防水。见《外壳防护等级（IP 代码）》（GB/T 4208—2017）。

采用 GB-InSAR 技术对右岸崩塌高边坡进行变形监测时，监测站的选址主要遵循以下原则：①观测站与观测目标保持通视，②远离电磁干扰区和雷击区，③避开地质构造不稳定区域，④便于接入公共通信网络，⑤具有稳定、安全可靠的交流电电源等。

根据该边坡的实际条件，结合被监测边坡的地质条件及危险区域的分布范围，将 GB-InSAR 设备安置于被监测边坡正南方向的地基较稳定处。为了确保设备在监测过程中不受降水、大风等恶劣天气条件的影响，并满足其在恶劣天气条件下仍然正常连续监测的要求，在红石岩边坡正南方向相对稳定的基岩上建立监测房。将 GB-InSAR 设备安置于监测房中对边坡进行变形监测，监测房的建立可以有效地避免设备因不利天气条件而对监测结果产生影响，保证设备 24h 连续监测。同时将监测边坡的系统服务器放置于监测房中，监测人员可以通过客户端对GB-InSAR 设备的监测结果进行数据分析以及实时预警。

2）防渗墙分布式传感光纤监测系统设计与安装

分布式传感光纤监测系统布置于红石岩堰塞坝Ⅱ期槽 38#槽段，该槽段防渗墙深度约 94m，槽底高程约 1105.00m，墙顶高程 1208.80m，防渗墙上部 20m为 C35 钢筋混凝土，下部 73.8m 为 C35 素混凝土。监测系统应变传感光纤布置方式设计如下：沿混凝土防渗墙上游面，经防渗墙底部及墙体下游面，布置 1#号 V_0 型应变传感光纤，上游面、下游面光纤平行，构成测量回路引至地面；沿混凝土防渗墙上游面，经防渗墙底部及墙体中部，布置 2#号 V_0 型应变传感光纤，上游面与墙体中部光纤平行，构成测量回路引至地面；防渗墙上、下游面外侧各保留 10cm 厚度混凝土作为传感光纤保护层。传感光纤在混凝土防渗墙中布置情况如图 2-17 所示。

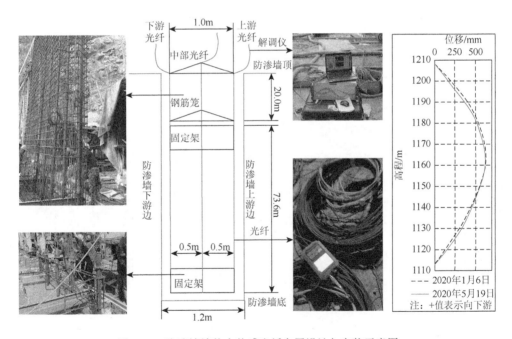

图 2-17   防渗墙墙体内传感光纤布置设计与安装示意图

红石岩堰塞坝混凝土防渗墙采用了冲孔成槽、水下浇筑的成墙工艺，浇筑前预埋灌浆导管，灌浆导管每隔 10m 设置 1 组导向固定架以保持灌浆导管垂直；槽顶上部 20m 长度范围设置钢筋笼，不另设导向固定架，灌浆导管与钢筋笼直接固定以保持垂直。因此，结合成墙工艺，传感光纤安装前，分别在上下相邻的两组导向架的上游面、中部和下游面焊接相互平行的 3 根 Φ22 螺纹钢筋，光纤从槽底开始分别捆扎在 3 根平行钢筋上（图 2-17 左下照片），沿钢筋逐段向上引至钢筋笼高程后，分别捆扎在钢筋笼对应的钢筋上（图 2-17 左上照片），光纤继续上引至槽口位置接续光纤跳线，对传感光纤合理保护后开始测量。

　　3）堰塞坝工程及高边坡一体化监测系统设计与安装

　　红石岩堰塞坝工程及高边坡一体化监测设计布置 1679 支（套/组/个/台）环境与安全监测的仪器与站点，分别设计布置在堰塞坝及防渗墙、溢洪洞及闸室、泄洪冲沙放空洞进口段及事故闸门井、引水建筑物、发电建筑物、库区复建交通隧道、枢纽区边坡、其他附属或临时建筑物等部位，监测对象包括环境量，堰塞坝及防渗墙、溢洪洞及闸室、泄洪冲沙放空洞进口段、事故闸门井、洞身及塌空区、出口工作闸墩、永久堵头和出口边坡、引水建筑物、发电建筑物、右岸交通隧道、库区复建交通隧道和边坡工程；其监测项目主要包括表面位移、坝体变形、岩体变形、应力应变、渗流渗压、支护效应、气象、温度、水位、降水等。监测系统设计方案与仪器设备统计见表 2-5。

表 2-5　红石岩堰塞坝工程及高边坡一体化监测系统设计方案与仪器设备统计表

序号	部位	监测项目	仪器名称	单位	数量
1	环境量		人工水尺	套	2
			雷达式水位站	套	1
			简易气象站	套	1
			水库温度计	支	3
			一体化雨量站	套	1
2	外部变形监测网		平面位移监测网点	个	6
			垂直位移监测网点	个	8
3	堰塞坝及防渗墙	变形	表面变形监测点	个	7
			水准点	个	13
			GNSS 表面变形监测点	个	13
			测斜及电磁沉降环	个	43
			测斜孔	个	3
			阵列式位移计	套	3
		渗流	水位孔	个	15
			渗压计	支	27
			量水堰仪	支	1
		应力	单项混凝土应变计	支	
		地震反应	加速度计	套	6

续表

序号	部位	监测项目	仪器名称	单位	数量
4	溢洪洞及闸室	变形	测缝计	支	9
			多点位移计	套	13
			反射膜片	个	105
		渗流	渗压计	支	12
		应力	锚杆应力计	组	13
			钢筋计	支	30
			锚索测力计	组	3
5	泄洪冲沙放空洞进口段及事故闸门井	变形	多点位移计	套	18
		应力	锚杆应力计	组	16
			锚索测力计	台	1
6	出口工作闸墩	应力应变	钢筋计	支	13
7	洞身及塌空区	变形	测缝计	支	6
			多点位移计	套	4
			反射膜片	个	18
		渗流	渗压计	支	8
		应力应变	锚杆应力计	组	4
			钢筋计	支	7
			钢板计	支	6
8	泄洪冲沙放空洞永久堵头	变形	测缝计	支	12
		渗流	渗压计	支	16
		温度	温度计	支	16
9	泄洪冲沙放空洞出口边坡	支护效应	锚索测力计	台	3
10	引水建筑物	变形	测缝计	支	21
			多点位移计	套	33
			反射膜片	个	140
		渗流	渗压计	支	29
		应力应变	锚杆应力计	组	33
			钢筋计	支	32
			钢板计	支	20
11	发电建筑物	变形	测缝计	支	12
		渗流	渗压计	支	2
		应力应变及温度	应力计	支	2

续表

序号	部位		监测项目	仪器名称	单位	数量
11	发电建筑物		应力应变及温度	钢筋计	支	12
				钢板计	支	12
				锚索测力计	组	1
				温度计	支	13
12	右岸交通隧道		变形	反射膜片	个	21
				多点位移计	套	3
			应力	锚杆应力计	组	3
13	库区复建交通隧道		变形	反射膜片	个	99
				多点位移计	套	15
			应力	锚杆应力计	组	15
14	边坡	右岸崩塌高边坡（含上游侧）	变形	表面变形监测点	个	2
				GNSS 表面变形监测点	个	19
				测缝计	支	5
				多点位移计	套	5
			支护效应	锚索测力计	组	8
		右岸高边坡下游侧	变形	GNSS 表面变形监测点	个	7
				测缝计	套	3
				多点位移计	套	4
			支护效应	锚索测力计	组	6
		左岸边坡	变形	GNSS 表面变形监测点	个	12
				一体化测缝计	套	4
				测斜孔	个	2
		三洞进口边坡	变形	GNSS 表面变形监测点	个	11
				多点位移计	套	7
			支护效应	锚索测力计	组	13
		王家坡边坡	变形	GNSS 表面变形监测点	个	9
		王家坡边坡	变形	一体化测缝计	套	6
			雨量站	翻斗式雨量计	套	1
		溢洪洞出口边坡	变形	表面变形监测点	个	6
				多点位移计	套	3
			支护效应	锚索测力计	组	7
		厂房边坡	变形	GNSS 表面变形监测点	个	5
				多点位移计	套	4

续表

序号	部位		监测项目	仪器名称	单位	数量
14	边坡	厂房边坡	支护效应	锚索测力计	组	3
		4#施工支洞洞口边坡	变形	表面变形监测点	个	3
				工作基点	个	2
		右岸交通隧道出口边坡	变形	GNSS 表面变形监测点	个	3
合计					支（套/组/个/台）	1679

2.5.3　基于 InSAR 技术的变形监测成果及分析

1）GB-InSAR 监测系统试运行验证

GB-InSAR 监测站于 2018 年 12 月 20 日开始部署，于 2018 年 12 月 21 日开始试运行并对红石岩堰塞坝右岸高边坡进行监测，观测距离为 300~500m，观测范围覆盖整个边坡区域。

GB-InSAR 监测系统试运行时间为 2019 年 1 月 1 日~2019 年 1 月 31 日，在此时间段内，共获取 3410 幅影像，这里主要针对监测区域的 1~10 号点位进行数据分析，如图 2-18 所示。监测结果显示，2019 年 1 月 1 日正式运行开始 1 个月的监测期内，整个边坡区域 1~10 号点位分别出现不同程度的形变。其中 7 号点位、8 号点位、9 号点位、10 号点位的形变量最大，累计形变量分别达到

图 2-18　基于 GB-InSAR 技术的右岸高边坡 1~10 号点位分布

扫码查看彩图

40.6mm、−35.48mm、−12.52mm、−16.06mm（形变量为负值表示 GB-InSAR 雷达监测的物体朝远离雷达方向发生形变；形变量为正值表示 GB-InSAR 雷达监测的物体朝靠近雷达方向发生形变）。

对上述监测显示的边坡形变区域进行了现场实地考察，发现：边坡右岸上方有施工方正在进行清渣作业，部分石头、尘土下滑，因此导致 7 号点位与 10 号点位累计形变量增加；边坡左岸下方有施工方进行爆破作业，同时加上近期雨雪天气的干扰，因此导致 8 号点位与 9 号点位累计形变量增加。由此可见，GB-InSAR 监测所得的右岸崩塌高边坡变形情况与现场实地考察情况相符。

2019 年 7 月，由于进入汛期，GB-InSAR 监测结果显示边坡发生异常变形，边坡崩塌滑坡风险增大，而且监控区域之外发生了小规模的滑坡现象。其中，7 月 22 日监测所得雷达云图中，可见原滑坡处的左上方存在新增变形隐患区域，如图 2-19 所示。发现上述变形隐患后，对边坡进行了现场查勘。发现该处高边坡发生了明显形变，主动防护网已遭到破坏，这证实 GB-InSAR 监测系统能够及时发现边坡安全隐患并进行预警。

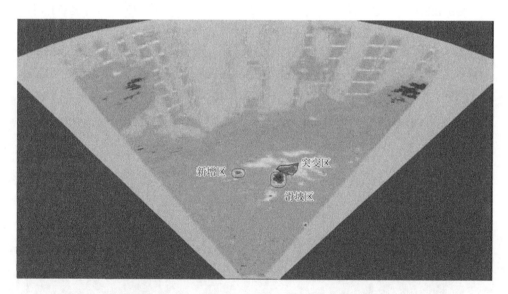

图 2-19　2019 年 7 月 22 日 GB-InSAR 监测成果

2）GB-InSAR 长历时监测成果及分析

2019 年 1～8 月，采用 GB-InSAR 技术对红石岩堰塞坝右岸高边坡进行了变形监测。这里选取其中 40 个特征点（图 2-20）数据进行分析，可以看出，40 个特征点基本均匀分布在监测区域内，可以较好地反映整个监测区域的变形情况。

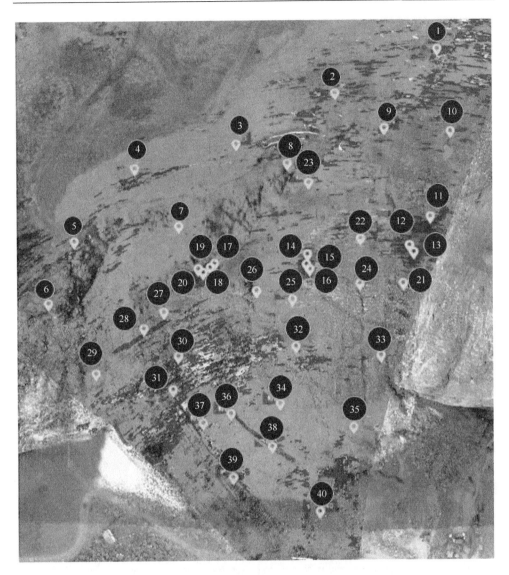

图 2-20　红石岩堰塞坝右岸高边坡变形监测 40 个特征点位分布

　　各特征点的变形统计结果见表 2-6，变形过程线如图 2-21 所示。可以看出，在监测期间，该边坡整体区域从 1 月 1 日～7 月 19 日基本处于稳定状态，未发生明显的形变；从 7 月 20 日开始，边坡出现形变量明显增大区域，其中，软弱条带区特征点 20 日的形变量最大达到近 42mm/d，形变的不断累积导致了滑坡灾害的最终发生；7 月 22 日，由于多日连续降雨，变形速度加快，增大至 60mm/h，位移量到达 230mm，局部区域出现滑坡。

表 2-6 红石岩堰塞坝右岸高边坡 40 个特征点变形监测结果统计表

测点编号	监测时段	测点位置		最大位移值/mm	发生时间
		经度/°E	纬度/°N		
1		103.39679669941336	27.03805893807234	101.01	2019 年 8 月 8 日
2		103.39597704200176	27.037772504648526	−52.4	2019 年 8 月 13 日
3		103.39515290250638	27.037429529901868	−39.6	2019 年 8 月 13 日
4		103.39429449451636	27.03725698379149	31.76	2019 年 7 月 19 日
5		103.39369931948269	27.03674401196237	−46.31	2019 年 8 月 13 日
6		103.39338665111046	27.0362653375697	−39.43	2019 年 7 月 1 日
7		103.39463038174378	27.036873295663668	−28.37	2019 年 7 月 6 日
8		103.39561682014605	27.03735575027787	−22.2	2019 年 6 月 9 日
9		103.39647290206975	27.037611117468796	−68.53	2019 年 6 月 9 日
10		103.39709055134863	27.03760211128069	−42.36	2019 年 8 月 4 日
11		103.39698307716232	27.03696399543819	42.74	2019 年 8 月 10 日
12		103.3968140668215	27.036736604544263	128.84	2019 年 8 月 16 日
13		103.39686692129112	27.036681824242496	87.91	2019 年 8 月 4 日
14	2019 年 1 月 1 日～ 2019 年 8 月 16 日	103.39584686924597	27.036670248024 13	119.11	2019 年 8 月 16 日
15		103.39583767110958	27.03658492526932	147.69	2019 年 8 月 16 日
16		103.39587236088039	27.036547192698333	116.18	2019 年 8 月 16 日
17		103.3949439555097	27.03659587323598	228.07	2019 年 8 月 13 日
18		103.39478521375933	27.03655239154148	212.03	2019 年 8 月 12 日
19		103.39490492446019	27.036563982292524	459.01	2019 年 8 月 12 日
20		103.39483041018099	27.036522971575533	657.12	2019 年 8 月 14 日
21		103.39679357517063	27.036425758355517	85.92	2019 年 8 月 16 日
22		103.39634246565262	27.036792708164327	48.56	2019 年 8 月 16 日
23		103.39583127244569	27.03723590467489	−49.74	2019 年 5 月 14 日
24		103.39636922198379	27.036423117627383	80.51	2019 年 8 月 16 日
25		103.39571236080944	27.036291289058862	−23.73	2019 年 3 月 29 日
26		103.39535491596044	27.036365435623356	25.88	2019 年 8 月 5 日
27		103.3944378514626	27.03618614276514	−24.29	2019 年 4 月 7 日
28		103.39423582887422	27.036043363141495	32.67	2019 年 8 月 5 日

续表

测点编号	监测时段	测点位置		最大位移值/mm	发生时间
		经度/°E	纬度/°N		
29		103.39372127462882	27.035641074070075	11.85	2019 年 8 月 16 日
30		103.39454832610973	27.035783839964594	−26.63	2019 年 8 月 16 日
31		103.3944726477475	27.035457115902286	−39.18	2019 年 8 月 16 日
32		103.39576129280356	27.035875936019874	−37.27	2019 年 6 月 30 日
33		103.39663255032704	27.035788996215157	18.54	2019 年 3 月 14 日
34	2019 年 1 月 1 日～ 2019 年 8 月 16 日	103.3956134319359	27.03533928790449	−34.72	2019 年 7 月 17 日
35		103.39640335788357	27.035104984914586	17.65	2019 年 3 月 13 日
36		103.39509048170034	27.035219416408673	−16.01	2019 年 8 月 15 日
37		103.3955363050717	27.034904898947513	29.05	2019 年 7 月 24 日
38		103.39478047447864	27.035106735128522	−59.29	2019 年 8 月 2 日
39		103.39511307769963	27.03456354466953	−32.65	2019 年 6 月 21 日
40		103.3960624255232	27.034271597297526	25.05	2019 年 3 月 6 日

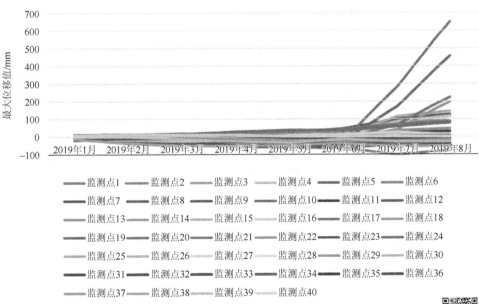

图 2-21　红石岩堰塞坝右岸高边坡变形监测特征点变形过程线

扫码查看彩图

3）天基 InSAR 监测成果及分析

作为对比，利用 2018 年 12 月 4 日～2019 年 4 月 15 日覆盖红石岩坝区周边、高时间分辨率（12 天/次）Sentinel-1A 卫星 C 波段合成孔径雷达影像数据，基于 PSI 技术对红石岩堰塞坝周边区域进行了表面变形监测分析，处理后得合成孔径雷达影像差分干涉图（图 2-22），进而得到本时段内该区域内表面变形监测结果（图 2-23）。可以看出，红石岩堰塞坝整治工程中的堰塞体及其右岸崩塌边坡和左岸古滑坡体在监测期内未出现明显变形，上述区域表面变形量值均在 10mm 以内，这一测量结果与前述 GB-InSAR 监测结果相吻合。

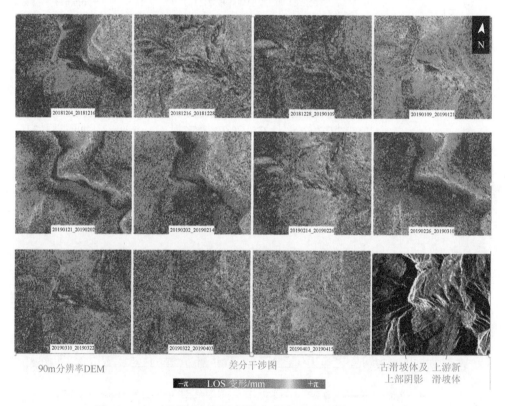

图 2-22　红石岩堰塞坝周边区域合成孔径雷达影像差分干涉图

2.5.4　基于分布式光纤应变传感技术的防渗墙受力变形监测成果及分析

防渗墙 38#槽段 2019 年 11 月 1 日完成预埋件安装并验收合格后，于 12:00 开始浇筑防渗墙混凝土，至 11 月 2 日 0:30，墙体混凝土浇筑完成。2019 年 12 月 19 日，红石岩堰塞湖整治工程下闸蓄水，至 2020 年 1 月初蓄水至高程

图 2-23 基于 PSI 技术的红石岩堰塞坝周边区域表面变形监测结果

1179m，5 月中旬蓄水至高程 1185m。防渗墙混凝土浇筑及初期蓄水过程中同步对墙体内应变传感光纤进行测量（何宁等，2021），得到大坝蓄水前后墙体中部沿深度方向的垂直向分布式应变测值及上游面、下游面光纤的垂直向应变差值，如图 2-24 所示。

根据材料力学受弯结构变形理论，采用受弯结构受力变形特性拟合计算方法对防渗墙上游表面、下游表面应变差值进行拟合，由积分计算可得墙体沿深度方向水平位移分布曲线。其中，由于红石岩堰塞坝混凝土防渗墙入岩深度不小于 2m，可认为墙体根部不发生水平位移，因此墙体根部水平位移取值为 0。而墙体顶部水平位移可根据红石岩堰塞坝蓄水期安全监测 GNSS 的测量结果取值。以墙体根部和顶部两点水平位移为已知值，根据图 2-24 中墙体上游、下游应变差值结果，由积分计算可得 2020 年 1 月 6 日和 5 月 19 日坝前水位分别为 1179m 和 1185m 时，墙体沿深度的水平位移分布曲线[图 2-25（a）]；基于材料力学的受压结构变形与应变关系，通过墙体中部应变传感光纤测得墙体中部应变曲线计算墙体沉降变形，可得 2020 年 1 月 6 日和 5 月 19 日坝前水位分别为 1179m 和 1185m 时，墙体沿深度的沉降分布曲线[图 2-25（b）]。

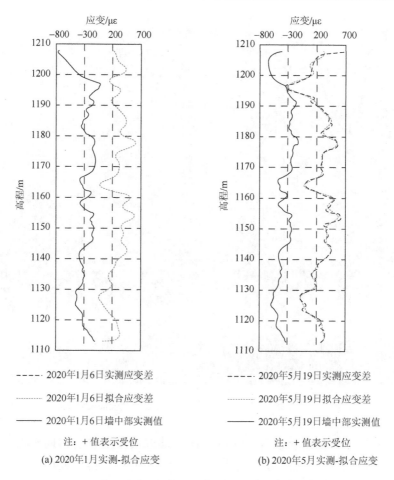

(a) 2020年1月实测-拟合应变　　　　　(b) 2020年5月实测-拟合应变

图 2-24　红石岩堰塞坝防渗墙墙体应变测量结果

从图 2-25（a）可以看出，大坝蓄水到设计死水位后，38#槽段处混凝土防渗墙墙体沿深度方向整体向下游位移，墙体最大水平位移为 616.46mm，最大水平位移发生在约 49m 高（高程约 1163m）的墙体位置，大体位于墙中部，防渗墙水平位移量值与同高度级别的混凝土面板堆石坝的面板最大挠度基本相当，且沿深度分布规律基本相似，这验证了基于分布式传感光纤技术进行防渗墙变形监测的可行性。监测结果还显示，墙体坝前水位自 1179m 上升至 1185m 后，墙体水平位移曲线最大值位置有向上发展的趋势。

从图 2-25（b）可以看出，2020 年 5 月 19 日时，38#槽段混凝土防渗墙墙体沉降主要源于墙体压缩变形，墙体表现为整体压缩，墙体顶部沉降为 36.5mm，这与红石岩堰塞坝蓄水期 GNSS 表面变形监测结果较为接近，表明基于分布式传感光纤技术的混凝土防渗墙沉降变形监测是较为可靠的。

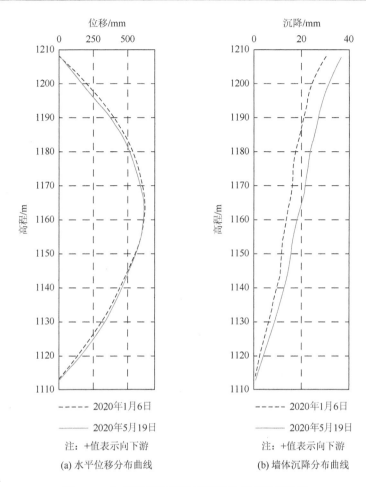

图 2-25　红石岩堰塞坝防渗墙墙体变形计算结果

图 2-26 给出了 38#槽段防渗墙上游面、下游面混凝土垂直向应变测值沿高程的分布曲线，从图中可以看出，该槽段防渗墙上游面、下游面混凝土垂直向应变测值为−1068.5～173.1με。从监测结果来看，截至 2020 年 2 月底，红石岩堰塞坝防渗墙自安装以来其垂直向应变总体呈受压增加趋势；蓄水期间，上游水位抬升，受压有所增加，随着上游水位的趋于稳定，受压应变变幅趋于稳定。

图 2-26 还显示，2020 年 1 月 6 日 38#槽段防渗墙混凝土局部出现受拉区，在墙体下游面约 1145m、1168m 和 1194m 三个高程处分别出现长度约为 5m、12m 和 2m 的受拉区，最大拉应变分别约为 63.6με、173.1με 和 147.6με。

值得注意的是，图 2-26 显示，38#槽段防渗墙顶部一定深度范围内墙体混凝土有较大的垂直向压应变，其中，下游面约 15m 深、上游面约 10m 深；而且在大坝蓄水初期，防渗墙墙体压应变的最大值均发生在顶部上游面、下游面处。分析

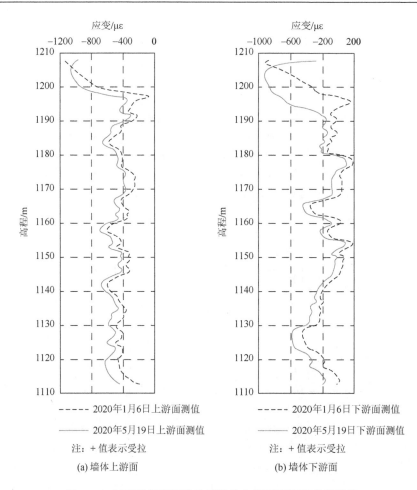

图 2-26 红石岩堰塞坝防渗墙墙体上游面下游面应变测值

其原因是：该槽段临近右岸边坡，该区域内地震形成的滑坡堆积体未清除，且部分堆积体尚未完全稳定，导致顶部一定深度范围内的混凝土防渗墙受到较大压力；随着大坝蓄水水位抬升，防渗墙顶部混凝土所受压应变逐渐减少。

2.5.5 堰塞坝工程及高边坡一体化监测系统主要成果

利用 2.5.2 节设计的一体化监测系统，对红石岩堰塞坝工程及高边坡开展了实时连续监测，以下简要介绍截至 2021 年 9 月底取得的主要监测成果。

1）堰塞坝

（1）坝体变形：坝体变形量级总体不大，测点水平合位移为 4.52～19.80mm，竖向位移为 –8.53～94.57mm。竖直变形大体表现为下沉，变形随时间逐渐趋于稳定。防渗墙下游侧坝体最大累积分层沉降量为 35mm，位于坝体底部 1167.0m 高程处。

（2）防渗墙应力变形：墙体测点水平合位移为 4.97～8.57mm，竖向位移为 −16.23～2.24mm。墙体总体呈受压和沉降增大趋势，随上游水位升高而逐渐趋于稳定；水平合位移无明显趋势性变化，且变幅较小。

（3）防渗墙防渗效果：防渗墙前水位孔水位受上游水位影响较明显，与上游水位变化有一定正相关性，上游水位为 1188.38m 时，防渗墙前水位孔水位为 1185.61m；墙后从上游到下游各水位孔水位呈下降趋势，水位分别为 1127.57m、1122.17m、1113.31m，表明防渗墙起到了良好的阻水作用。监测结果显示，右岸 0＋175m 部位墙后水位较高，需加强关注。

（4）绕坝渗流：左岸帷幕前测点与上游水位有一定的正相关性，帷幕后与下游岸坡测点与上游水位变化相关性不明显，右岸下游岸坡各测点绕坝渗流较小。

（5）渗流量：堰塞坝渗流量不大且与库水位有一定相关性，变幅较小，2021 年 9 月底时，量水堰渗流量为 46.2L/s。

2）枢纽区边坡

（1）左岸边坡：变形总体量级不大，各测点最大水平合位移为 24.73mm，最大竖向位移为 50.40mm，总体呈现缓慢变形趋势，但边坡安全处于可控状态。

（2）右岸崩塌高边坡：各测点位移受到 GNSS 观测精度影响呈波动变化，最大水平位移为 10.16mm，最大竖向位移为 46.60mm，总体无明显位移增大趋势。

（3）右岸崩塌边坡上游侧：变形总体量级不大，最大水平位移为 18.04mm，最大竖向位移为 54.30mm，各测点位移无趋势性变化。

（4）右岸高边坡下游无明显位移增大趋势。

（5）三洞进口边坡：边坡变形总体表现为下沉，最大水平位移为 22.45mm，最大竖向位移为 77.69mm，竖向变形月变幅最大值为 22.49mm；边坡多点位移计孔口累积位移为 −0.93～10.19mm，变形测值无明显趋势性变化；锚索测力计测值较稳定，为 1140.89～2244.67kN，荷载损失比率为 19.95%～34.48%。

（6）王家坡边坡：王家坡滑坡体不稳定区域（顶部）及 1#、2# 滑坡区域（下部）总体朝向临空面变形，表面水平位移逐渐趋于稳定，最大水平合位移为 11.48mm，最大竖向位移为 46.4mm。

3）溢洪洞

自 2019 年 10 月起，溢洪洞各监测项目效应量总体较小，且测值变化平稳。其中，深部围岩变形小于 7.00mm，围岩支护应力为 −114.64～8.72MPa，围岩与衬砌之间开合度为 −4.13～0.67mm，渗透压力在 10.89kPa 以内，衬砌钢筋应力为 −30.18～26.82MPa，闸室闸墩钢筋应力为 −13.55～18.68MPa。

4）泄洪冲沙放空洞

泄洪冲沙放空洞进口段各测点变形和锚杆应力总体较小，且趋于收敛；泄洪冲沙放空洞事故闸门井内部变形基本稳定，支护锚杆应力已趋于稳定，无明显趋势性变化；塌空区右侧施工区域围岩变形和应力受施工影响较大，但是变幅在安全可控范围内。

5）引水发电建筑物

（1）引水隧洞：各测点效应量变化主要发生在开挖阶段，衬砌施工完成后变化量较小，且变化逐渐趋于平稳。其中，多点位移计位移测值为–0.32～0.39mm，锚杆应力计测值为–12.14～210.67MPa，钢筋计测值为–21.30～15.81MPa，渗透压力测值为3.17～123.06kPa，测缝计测得开合度为–0.06～0.05mm。

（2）引水隧洞事故检修闸门井：各测点的相对位移变化量和应力变化量主要发生在开挖阶段，衬砌完成后变化量较小，测值趋于平稳，多点位移计位移值为–16.17～13.08mm。

（3）调压井：各测点效应量变化主要发生在开挖阶段，衬砌完成后变化量较小，监测效应量变化趋于平稳。其中，多点位移计位移值为–0.73～9.78mm，锚杆应力计测值为–6.67～88.89MPa，渗压计测值为4.25～12.05kPa。

（4）压力钢管：各测点效应量变化主要发生在开挖阶段，衬砌完成后变化量较小，监测效应量变化趋势平稳。其中，多点位移计测值为–0.08～1.87mm，锚杆应力计测值为–10.26～2.68MPa，岔管钢板应变值为–413.97～310.55με，压力钢管钢板计应变值为–165.55～422.89με，渗压计测值为75.5～150.52kPa，测缝计测得开合度为0.01～1.61mm。

（5）发电建筑物：各测点监测效应量变化趋势平稳，其中，钢筋应力计测值为–62.47～36.5MPa，钢板计应变值为–80.55～75.31με，测缝计开合度值为–0.95～0.47mm。

（6）厂房边坡：总体呈现朝向临空面和向下变形，变形量小且变化趋势平稳。多点位移计测值为–2.39～1.54mm，锚索测力计测值为916.67～1135.03kN，表面水平位移为1.90～10.3mm，表面竖向位移为–10.18～47.1mm。

6）交通隧道

各测点测值变化总体处于稳定状态。其中，右岸交通隧道多点位移计孔口最大变形为1.94mm，锚杆应力最大为33.46MPa；复建交通隧道多点位移计孔口最大变形为1.68mm，锚杆应力最大为–63.47MPa。

2.5.6　堰塞坝安全监测技术应用成果总结

基于InSAR技术的变形监测技术在红石岩堰塞坝综合整治和开发利用工程

中的应用表明：InSAR 技术变形测量精度高（地基 InSAR 技术的变形监测精度达毫米级，天基 InSAR 技术的变形监测精度可达厘米级），监测范围广，且可实现实时自动监测与预警，在堰塞湖/坝边坡的变形监测和预警工作中具有良好的推广应用前景；基于分布式光纤应变传感技术的结构变形与受力监测技术可满足堰塞坝开发利用工程的混凝土防渗墙变形与受力监测需要，变形与受力监测精度高，在堰塞坝混凝土防渗墙全深度范围内具有分布式监测特点，可实现自动化监测，是堰塞坝混凝土防渗墙变形和受力监测及其安全评价工作的良好补充技术。

堰塞坝工程及高边坡一体化监测系统在红石岩堰塞坝开发利用工程中应用时，监测对象涵盖堰塞坝、边坡、引/泄水水工建筑物、电站以及坝（湖）相关区域等，监测项目包括环境参数、变形、渗流、应力应变等涉及堰塞坝工程安全的主要指标参数，其监测成果表明：红石岩堰塞坝及防渗墙、溢洪洞及闸室、泄洪冲沙放空洞进口段及事故闸门井、枢纽区边坡、引水建筑物、发电建筑物和交通隧道等部位的变形、应力、渗流测值及变化趋势等总体上均符合一般规律，未见明显异常情况，工程处于良好受控状态。可见，堰塞坝工程及高边坡一体化监测系统的设置监测对象和项目全面，满足堰塞坝安全监测工作需要，可为堰塞坝开发利用工程建设与运行管理的安全保障提供可靠支撑。

参 考 文 献

何宁，何斌，张宗亮，等. 2021.蓄水初期红石岩堰塞坝混凝土防渗墙变形与受力分析. 岩土工程学报，43（6）：
 1125-1130.

刘宁，程尊兰，崔鹏，等.2013.堰塞湖及其风险控制. 北京：科学出版社.

刘宁，杨启贵，陈祖煜.2016.堰塞湖风险处置. 武汉：长江出版社.

张宗亮，吴学明，王昆，等.2020.堰塞湖风险分析与应急抢险关键技术研究与应用. 岩土工程学报，42（s2）：13-19.

张宗亮，张天明，杨再宏，等.2016.牛栏江红石岩堰塞湖整治工程. 水力发电，42（9）：83-86.

中国电建集团昆明勘测设计研究院有限公司. 2015.云南省鲁甸"8·3"地震牛栏江红石岩堰塞湖堰塞体安全评价
 报告. 昆明：中国电建集团昆明勘测设计研究院有限公司.

中国电建集团昆明勘测设计研究院有限公司. 2015.云南省牛栏江红石岩整治工程——堰塞湖风险等级评估与应急
 抢险、后续处置措施研究及应用. 昆明：中国电建集团昆明勘测设计研究院有限公司.

中国电建集团昆明勘测设计研究院有限公司. 2019.牛栏江红石岩堰塞湖整治工程运行期监测与监测资料分析项目
 监测月报（第1~24 期）. 昆明：中国电建集团昆明勘测设计研究院有限公司.

第3章 多源信息融合的堰塞坝安全诊断技术

3.1 多源信息融合技术概述

堰塞坝是一个受地质条件、水文气象环境、施工方式、结构形式等诸多因素影响的不确定系统，为了确保工程安全，往往使用多个不同类型的传感器，在不同位置、不同时段对工程进行联合监测。我们需要对不同来源、不同模式、不同媒质、不同时间、不同地点、不同表示形式的监测数据信息进行综合分析，有效识别影响堰塞坝安全的因素，并进行安全诊断。因此，有必要引入多源信息融合技术来构建堰塞坝的安全评价系统。

多源信息融合（multi-source information fusion），也被称为数据融合，或者多传感器信息融合，早在20世纪70年代后期一些公开出版的文献中就开始探讨研究相关技术。目前多源信息融合技术应用已从最早的军事领域（Waltz and Buede，1986；Comparato，1988）拓展到机器人（Abidi and Gonzalez，1992；Murphy，1998a）、智能制造（李圣怡，1998）、智能交通（Murphy，1998b；Neira et al.，1999）以及医疗诊断（Katyal et al.，1995；Hernández et al.，1999）等领域。信息融合技术一般是指将来自多传感器或者多源的信息资源，依据某种准则进行分析、综合、支配和使用，用以获得对被测量对象的可靠一致性解释和描述，进而实现相应的决策与估计，获得比它各组成部分的子集所构成的系统更为准确、更为充分、更为可信的评价（刘同明，1998）。

多源信息融合的基本原理就像大脑综合处理各种信息一样（图3-1），依靠某种准则，采用一些特征算法，对多维度、多角度、多阶段的传感器采集到的数据进行共同或联合处理，过滤多个传感器在时间或者空间上的无效或冗余信息，保

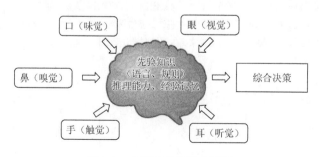

图3-1　大脑的多源融合系统

留特征信息并互补集成，减少信息盲区并产生有价值的新的信息，从而提高传感器系统的准确性和有效性，对观察对象做出综合可靠的评价（何友，2000）。

根据融合对象或者发生阶段的不同，多源信息融合可分为三个层次，即数据级融合、特征级融合和决策级融合（韩崇昭，2006；潘泉，2013；杨露菁，2011），融合过程如图 3-2 所示。

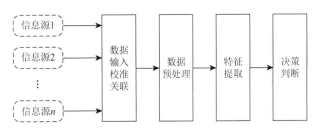

图 3-2　多源信息融合过程示意图

3.1.1　数据级融合

数据级融合为多源信息融合的低层次融合，直接对未经处理的传感器原监测数据或图像等信息进行归纳与整理，然后从融合的数据中提取特征向量，可归为数据的预处理阶段，融合流程如图 3-3 所示。

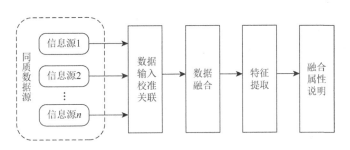

图 3-3　数据级融合过程示意图

数据级融合适合用于同类传感器采集到的同质信息的融合，要求数据来源对应于同单位、同物理含义的传感器，即同质传感器。由于传感器在获取数据时具有不确定性、不完整性和不稳定性，因此要求信息融合模型在该阶段具有极高的纠错能力。而在实际环境监测中，传感器不可避免地会因受到外界干扰而出现损坏，导致系统接收的数据缺失或异常，这些非正常数据（噪点）会对堰塞坝安全诊断的精准度产生较大的影响，因此需要对数据缺失值和异常值进行处理，常用的数学方法有贝叶斯估计（Bayesian estimation）、卡尔曼滤波（Kalman filtering）等。

3.1.2　特征级融合

特征级融合是中间层次的融合，主要从各观测量中提取有代表性的特征向量，在保证原数据信息的同时，将这些特征进行分类、聚集和综合，在容许范围内压缩数据，去除信息噪点，形成单一的特征向量，其融合过程如图 3-4 所示。

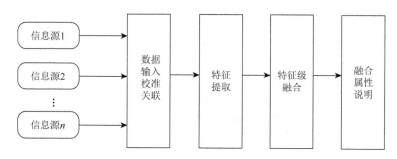

图 3-4　特征级融合过程示意图

特征级融合在数学变换中不可避免地会丢失某些信息，导致模型的精确性下降，本质上是一种用少量计算精度换计算效率的算法，其核心是融合前进行特征关联处理。不同于数据级融合处理，特征级融合通过特征提取，可以将不同类型的数据（不同质信息）归一化，控制特征结构的一致性，从而实现对异质信息源（如不同种类的传感器）的融合。常用方法有：主成分分析（principal component analysis，PCA）法（任雪松和于秀林，2011）、支持向量机（庞恒茂，2013）和神经网络（贾佳等，2019）等。

3.1.3　决策级融合

决策级融合是最高层次的融合分析，是在数据级融合和特征级融合基础上，对每个传感器的结果与仪器监测可信度进行综合估计评判，最终做出统一决策的过程，其融合过程如图 3-5 所示。

决策级融合结合前面两阶段的判决形成最终的推理和决策，融合处理的信息量最少，最为简单实用；决策级融合容错性强，具有很强的灵活性与抗干扰性，即便监测的少数传感器异常导致出现错误的决断时，也能通过恰当的融合处理进行互补，获得正确的结论。目前主要的融合方法有模糊综合评价法（宋晓莉等，2006）、D-S 证据理论法（Dempster，1967；叶伟等，2016）、粗糙集理论法（韩祯祥等，1999）等。

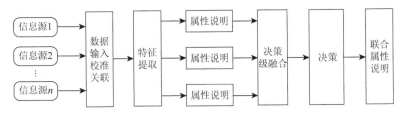

图 3-5　决策级融合过程示意图

3.2　基于多源信息融合的数据处理与安全诊断

3.2.1　缺失数据处理

实际工程中，往往无法避免监测数据的缺失。如果直接对缺失数据进行分析处理，可能会得出错误的诊断结论。因此，需要认真分析数据缺失的原因，并采用针对性方法进行处理。

导致监测数据缺失的主要原因是（庞新生，2010）：①监测设备故障或传输线路故障导致的数据丢失；②由人为因素导致的数据遗漏缺失；③信息暂时无法获取或者因获取成本过大而放弃；④系统的实时性要求较高，无法获取即时数据。

当监测系统收集的数据量或传感器的数量足够多时，某时段监测数据或某传感器的监测数据缺失，对监测数据大样本的安全诊断结果影响不大，此时可删除缺失值。若监测系统收集的数据量较少，尤其是当采集到的数据表现为非随机特征时，则应选择适当方式对缺失数据进行填充（程开明，2007）。其中，对于正态分布的数据，可选择预估填充、同类别数据的均值或中位数、线性回归、多重插补法来确定缺失值；而对于以时间序列排布的数据，可采用前后测值线性插值、拉格朗日插值或最近邻法等来确定缺失值（图 3-6）。

3.2.2　异常数据处理

统计学的大量研究数据表明，在大量观测数据中，会不可避免地出现 5%～10%的异常数据，这些异常数据又分为粗差和异常值（黄维彬，1994）。由于监测人员的操作失误或传感器损坏等因素，观测误差不符合某种统计分布的规律，这类异常数据称为粗差。而因环境或被观测体本身的显著变化使观测结果产生异常的数据被称为异常值。粗差和异常值在数据结构上都偏离了大数据样本，两者本质上的区别是粗差具有突发性，通常以孤点形式出现，与相邻测点或前后时段都有较大区别；而异常值则表现为跃迁性、连续性，在某个范围或时段内有连续多个偏移大样本的测值出现，并呈现一定的趋势性。实际监测工作中，监测人员应剔除粗差而关注监测结果中的异常值，排查诊断病因并采取预防措施。

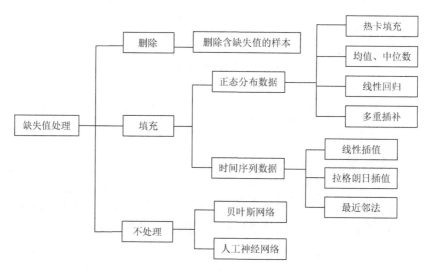

图 3-6　缺失数据处理方法

在数据的异常值处理方面，与前述数据缺失值处理不同，重点在于如何正确识别正常值与异常值。其中，对于正态分布的数据，可以采用均值-标准差法识别异常值。均值-标准差法就是以样本均值 + 样本标准差为基准，当样本与平均值的绝对差值大于等于 n 个标准差以上时，可认定该测值为异常值。通常采用 3σ 准则，数值分布在 $(\mu - 3\sigma, \mu + 3\sigma)$ 的概率有 0.9974，超过这个范围可认为是异常值。

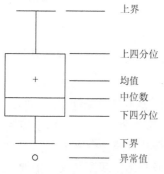

图 3-7　箱形图法判断异常值

如果数据不符合正态分布，则可通过箱形图法来进行判断异常值，如图 3-7 所示。假设将所有数据从小到大的顺序依次为 $D_1, D_2, \cdots, D_N$，中位数为 D_M，Q_3 为区间 $[D_M, D_N]$ 的中位数，即上四分位数，Q_1 为区间 $[D_1, D_M]$ 的中位数，即下四分位数，四分位的离散度为 IQR $= Q_3 - Q_1$。以上下四分位为例，当数据点 x 的值超过标准值时，即 $x > Q_3 + n\text{IQR}$ 或者 $x < Q_1 - n\text{IQR}$ 时，可判定为异常值。

然而，均值-标准差法和箱形图法均无法处理时间序列数据或高维数据。为此，可引入机器学习中的基于密度的聚类（density-based spatial clustering of applications with noise，DBSCAN）算法来进行异常值的辅助识别。DBSCAN 算法是一种基于密度判断的聚类方法，即通过样本分布的紧密程度来进行数据分类，且该算法适用于任意形状的数据集群。在大坝的监测数据中，往往只有孤立的、偏离正常值数据群的异常点。因此可通过 DBSCAN 算法，将密度较高的数据点归为正常值，而将其余密度较小的偏离点归为异常点。

　　该聚类模型需要输入 2 个超参数：最小样本数（min_samples）和邻域半径（eps）。采用 DBSCAN 算法时，需遍历所有的样本点，并查找在邻域半径内的其他样本点。当前遍历点邻域半径内的样本点数量达到最小样本数时，则可判定当前遍历点为核心样本点；当样本点数量大于零且小于最小样本数时，则可判定当前遍历点为邻居样本点；当前遍历点邻域半径内除自身外没有其他样本点时，可认为是孤立样本（图 3-8）。因此，该算法将任何与核心样本距离至少 eps 的非核心样本视为异常值。

　　按照上述原理，采用 Python 编制 DBSCAN 算法程序，其核心代码如下：

```python
import numpy as np
import pandas as pd
import matplotlib.pyplot as plt
from sklearn import datasets
%matplotlib inline
plt.rcParams['font.sans-serif']=['KaiTi']


data=pd.read_csv('dbscan_data.csv',encoding='utf-8')
plt.scatter(data['记录点'],data['坝轴向位移(mm)'])
plt.show()


from sklearn.cluster import dbscan
# eps 为邻域半径,min_samples 为最少点数目
core_samples,cluster_ids=dbscan(data,eps=3,min_samples=4)
df=pd.DataFrame(np.c_[data,cluster_ids],columns=['记录点','坝轴向位移(mm)','cluster_id'])
df.plot.scatter('记录点','坝轴向位移(mm)',s=100,
    c=list(df['cluster_id']),cmap='rainbow',colorbar=False,
    alpha=0.6,title='DBSCAN cluster result')


from pandas import DataFrame
```

扫码获得程序代码

```
res=DataFrame({'记录点':df['记录点'],'坝轴向位移(mm)':df['
坝轴向位移(mm)'],'cluster_id':df['cluster_id']})
    res.to_csv('DBSCAN_result.csv')
```

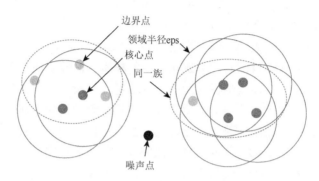

图 3-8　DBSCAN 算法原理示意图

　　以某大坝监测数据为例进行分析,对上述 DBSCAN 算法程序识别异常监测数据的能力进行了验证。图 3-9 为该坝 2002~2006 年的坝体坝轴向位移过程曲线,共 189 组监测数据。为了模拟该时段内出现监测设备损坏情况,随机添加了 10 个异常点(图 3-10 中圆圈标注处)。采用上述 DBSCAN 算法程序,对添加异常点后的数据进行异常值识别。经试算发现,超参数组合[eps, min_samples]为[3, 3]或[3, 4]时,异常值识别效果最优,识别结果如图 3-11 所示。

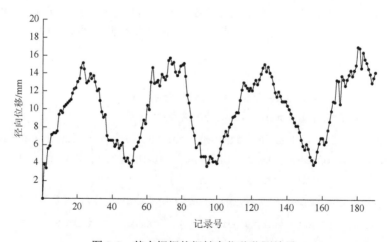

图 3-9　某大坝坝体坝轴向位移监测结果

　　从图 3-11 可以看出,DBSCAN 算法程序将所有样本数据按密度聚类划分为 7 个聚类。这 7 个聚类中的样本即为正常值,聚类以外的数据就是异常值,即图中的红点。其中，人工添加的 8、21、37、51、68、90、108、138、179 号异常值均被正确识别，异常值的识别正确度达 90%。可见，DBSCAN 算法在密度均匀的数据样本集中可较好地识别出异常值，且不受样本集群形状的影响。

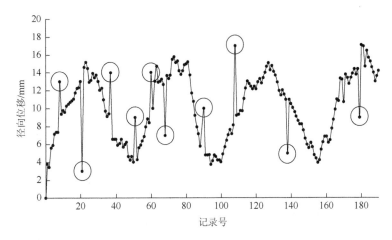

图 3-10　添加异常点后的大坝坝体坝轴向位移监测结果

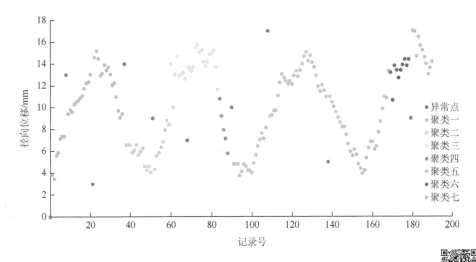

图 3-11　DBSCAN 算法识别异常值结果

扫码查看彩图

采用传统的数理统计方法进行异常值识别时，需要先获取充足的监测数据，分析得到其规律，再通过比较观测值与预测值的差异程度来判断是否为异常点，因而往往难以及时发现异常现象。而采用上述 DBSCAN 算法，则无须获取全部数据，仅通过聚类的思想就能快速识别异常点。当监测结果未出现异常或故障时，识别程序中样本类别只有核心点与边界点；当监测结果中出现异常或故障时，则表现为样本点出现较大偏离，呈阶跃变化，程序将其标记为噪声点。因此，可根据样本类别来进行异常或故障的分类与定位，这有助于对堰塞坝工程进行实时安全监测和安全诊断。

3.2.3 数据降噪处理

坝体监测数据中通常存在由于环境等因素导致的噪声。为获取大坝应力变形等监测数据真值，准确分析判断坝体工作性状和发展变化趋势，需采取适当方法将监测数据中的真实信号从噪声背景中分离出来。针对数据噪声问题，可采用小波变换对监测数据进行降噪处理的方法。

大坝的应力变形监测数据通常会随季节汛期而呈现出年周期性变化，同时又包含非周期性变化的时效、噪声分量，因此，坝体监测原始数据可表示为 $X(t) = f(t) + e(t)$，$f(t) = s(t) + p(t)$。其中，$X(t)$ 为含有噪声的原始监测数据；$e(t)$ 为噪声信号，反映了各种不确定因素对监测结果的影响；$f(t)$ 为去除噪声后的真实监测数据，其包含主函数项 $s(t)$ 和周期函数项 $p(t)$，分别用来反映坝体应力变形的长期趋势和隐含的周期性波动。

通过小波分析，可将坝体的监测结果序列分解为高频和低频两部分，在不同尺度下进行小波变换，对原始监测数据进行分解与重构，可剔除主要的噪声成分，将其转化为相对平稳的数据序列。利用小波变换进行监测数据降噪步骤如下。

（1）数据分解。采用塔式分解算法将监测数据分解成"低频近似"和"高频细节"两部分信号，将分解后的低频部分再细分为"低频近似"和"高频细节"，对高频部分不做分解，以此类推（图3-12）。理论上随着分解层数的增加，数据序列会显得更加平滑，但过多的分解层数会降低监测数据序列的变化趋势和周期规律，一般可通过试算来确定小波分解的层数。

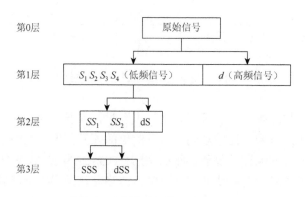

图 3-12 小波变换数据分解示意

（2）数据重构。监测数据经小波分解后产生的小波系数具有原数据的主要特征，其中，噪声的小波系数通常相对较小。因此，可选择每个分解尺度下的高频系数进行阈值化处理，将大于该阈值的小波系数作为有效信号，予以保留，而小于该阈值的信号则认为是噪声，将其剔除，从而达到去除噪声的目的。最后，再由小波分解的最后一层低频系数（近似信号）和每一层高频系数（细节信号）进行小波重构。

按照上述原理，采用 Python 编制了小波变换分析算法程序，其核心代码如下：

```python
import matplotlib.pyplot as plt
import pandas as pd
import numpy as np
import pywt


w=pywt.Wavelet('db5')# 选用 Daubechies5 小波
maxlev=pywt.dwt_max_level(len(data),w.dec_len)# 最大分解
级数,当信号比给定小波的 FIR 滤波器长度短时,分解就停止
print("maximum level is "+str(maxlev))
threshold=0.2  # Threshold for filtering

# 小波分解
ca=[]#近似分量
cd=[]#细节分量
coeffs=pywt.wavedec(data['径向位移'],'db5',level=maxlev)
#将信号进行小波分解
print(len(coeffs))
# coeffs 是个列表 list,为【cA_n.cD_n, cD_n-1,...,cD_1】

for i in range(5):
print(coeffs[i])
plt.figure()
times=np.arange(len(coeffs[i]))
plt.plot(times,coeffs[i])

#将 coeffs 导出
print(type(coeffs))
np.savetxt('a.txt',coeffs[4],fmt='%0.8f')
```

```
plt.figure()
for i in range(1,len(coeffs)):
coeffs[i]=pywt.threshold(coeffs[i],threshold*max(coef
fs[i])) # 将噪声滤波
datarec=pywt.waverec(coeffs,'db5') # 将信号进行小波重构
```

以图 3-9 中大坝监测数据为例，进行降噪处理，对上述小波算法的降噪能力进行验证。考虑到监测数据量较少，选择了 db5 小波对监测数据序列进行分解，结果表明将信号分解至第 4 层就可达到降噪效果。此时，可通过 PyWavelets 获得 1 个低频近似系数 A_1 和 4 个高频细节系数 D_1、D_2、D_3 和 D_4（图 3-13）。

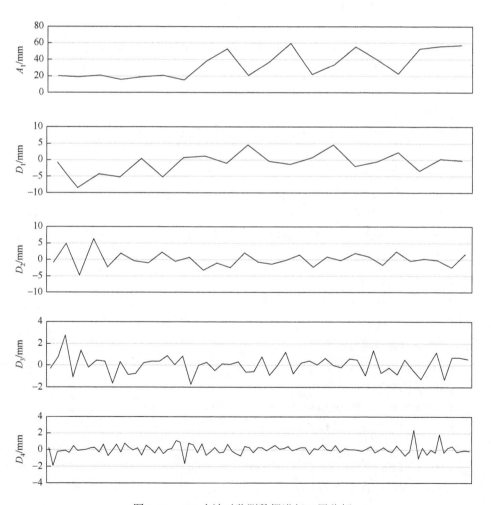

图 3-13　db5 小波对监测数据进行 4 层分解

由图3-13可以看出,分解出的高频部分继承了原始监测数据信号的主要特征,呈现出较明显的周期性,表明其监测数据受到温度、水位等季节周期性因素影响。通过试算,采用合适阈值函数对原始监测数据进行降噪,再将降噪后的低频和高频分量进行小波重构,结果如图 3-14 所示。可以看出,降噪后的数据能够体现原监测数据的整体变化趋势,而且不失局部波峰波谷细节特征,但降噪处理后数据的波动程度明显弱于原数据,表现出较好的降噪效果。

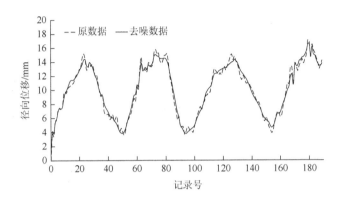

图 3-14　大坝坝体坝轴向位移监测原数据与小波降噪后结果对比

3.2.4　特征数据提取

对于堰塞坝工程来说,监测数据除了不同传感器传送的数据外还包括同一传感器不同时段的监测数据,数据量会随着监测周期增长而不断增加。为了解决监测数据基数大、维度高,不容易快速提取数据特征的问题,可采用机器学习中的主成分分析法,通过 Python 编程来实现对高维数据的降维处理。

对于 2 维数据点,主成分分析算法的推导本质是样本点在直线上的投影尽可能分开,当我们把样本点从 2 维推导到 n 维,则降维的标准变为样本点在这个超平面上的投影尽可能分开。而我们可以通过方差来反映投影点的离散程度,此时降维算法已转化为方差函数的最优化问题。

以下简述主成分分析算法的流程。

假设要对 n 维的数据样本集 $D = (x^{(1)}, x^{(2)}, \cdots, x^{(n)})$ 进行降维。目标函数为

$$\mathrm{Var}(x) = \frac{1}{m} \sum_{i=1}^{m} (x_i - \overline{x})^2 \tag{3-1}$$

（1）对所有的样本进行均值归零,化简目标函数,且整体数据偏移不会影响方向向量 w 的求解结果,可通过向量求解 w。

2 维形式公式： $\mathrm{Var}(x) = \dfrac{1}{m} \sum\limits_{i=1}^{m} \left\| X^i \cdot w \right\|^2$　　　　　　　　（3-2）

n 维形式公式： $\mathrm{Var}(x) = \dfrac{1}{m} \sum\limits_{i=1}^{m} \left(X_1^{(i)} w_1 + X_2^{(i)} w_2 + \cdots + X_n^{(i)} w_n \right)^2$　　（3-3）

对以上公式进行化简： $\mathrm{Var}(x) = \dfrac{1}{m} \sum\limits_{i=1}^{m} \left(\sum\limits_{j=1}^{n} X_j^{(i)} w_j \right)^2$　　　　（3-4）

（2）对 w 方向向量求偏导：

$$\nabla f = \frac{2}{m} \begin{pmatrix} \sum\limits_{i=1}^{m} (X^{(i)} w) X_1^{(i)} \\ \sum\limits_{i=1}^{m} (X^{(i)} w) X_2^{(i)} \\ \vdots \\ \sum\limits_{i=1}^{m} (X^{(i)} w) X_n^{(i)} \end{pmatrix} = \frac{2}{m} \cdot X^{\mathrm{T}}(Xw) \qquad （3\text{-}5）$$

（3）通过梯度上升法求得最优解 w，即第 1 主成分的特征向量。

（4）在原数据样本中剔除第 1 主成分的分量，得到新的数据集，在新的数据集上重复步骤（1）～步骤（3），得到第 2 主成分的特征向量；以此类推，直至求得 k 个特征向量。将原数据矩阵点乘求得的 k 维特征向量矩阵，即可得到由 n 维降至 k（$k<n$）维的新数据集。

按照上述原理，采用 Python 编制 PCA 主成分分析算法程序，核心代码如下：

```
from sklearn.preprocessing import MaxAbsScaler
from sklearn.decomposition import PCA
x_norm=MaxAbsScaler().fit_transform(x)#标准化处理
```

#这里还可以选用 StandardScaler、MaxAbsScaler、Normalizer 进行标准化

```
# 主成分分析建模
pca=PCA(n_components=None)# n_components 提取因子数量
```

n_components='mle'，将自动选取主成分个数 n，使得满足所要求的方差百分比

```
# n_components=None,返回所有主成分
pca.fit(x_norm)
```

```
pca.explained_variance_   # 贡献方差,即特征根
pca.explained_variance_ratio_   # 方差贡献率
pca.components_   # 成分矩阵
k1_spss=pca.components_/np.sqrt(pca.explained_variance_.
reshape(-1,1))# 成分得分系数矩阵


# 求指标在不同主成分线性组合中的系数
j=0
Weights=[]
for j in range(len(k1_spss)):
for i in range(len(pca.explained_variance_)):
Weights_coefficient=np.sum(100 *(pca.explained_variance
_ratio_[i])*(k1_spss[i][j]))/np.sum(pca.explained_variance
_ratio_)
j=j+1
Weights.append(np.float(Weights_coefficient))
print('Weights', Weights)
```

扫码获得程序代码

以机器学习中 13 维的模拟数据为例,对上述主成分分析算法的数据降维能力进行测试。图 3-15 给出降维计算结果,可以看出,第 1 主成分所包含的信息特征最多,随着主成分数量的增加,各个主成分所包含的有效信息特征逐渐减少。当原 13 维数据降为 9 维时,降维后的新的数据集可保留 95%以上源数据特征(各个主成分特征信息之和)。可见,原 13 维数据降至 9 维可较好地保证数据的可靠性,也可减少数据总量,以便提高数据处理效率。

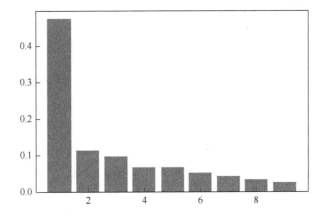

图 3-15　主成分分析法数据降维后各主成分的信息特征示意图

3.2.5　决策融合判断

在处理堰塞坝安全评价问题时，必然会遇到不确定信息的问题，例如，根据不同的监测设备或不同的监测位置会得出不同的安全评价结果；再如，不同专家或专家组在对各风险项进行量化计算时，往往会因主观因素的影响，在确定各因素相对重要性时考虑多种情况，在权重计算和综合判断时会得出不同的结果。为了实现准确可靠的安全诊断，可采用基于 D-S（Dempster-Shafer）证据理论、融合不同监测数据或专家意见的方法。

D-S 证据理论是对贝叶斯推理方法的推广，主要利用概率论中的贝叶斯条件概率来进行分析。该理论不需要先验概率，能够很好地表示"不确定性"，被广泛用来处理不确定性问题。该理论由 20 世纪 60 年代美国科学家 Dempster 提出（Dempster，1967），其学生 Shafer 对证据理论进一步拓展，建立了命题和集合之间一一对应关系，把命题的不确定性问题转化为集合的不确定性问题，引入信任函数概念，形成了一套基于"证据"和"组合"来处理不确定性推理问题的数学方法（Shafer，1976）。

D-S 证据推理假设有 n 个互斥且穷尽的子命题，由这些命题集组成的整个假设事件的空间 Θ，称为识别框架，或假设空间。在识别框架 Θ 的 BPA（基本分配概率）是一个 $2^{\Theta} \rightarrow [0,1]$ 的函数 m，满足 $m(\varphi)=0$ 且 $\sum\limits_{A \subseteq \Theta} m(A)=1$。D-S 证据理论还提出了信度函数 $\mathrm{Bel}(A)=\sum\limits_{B \subseteq A} m(B)$ 和似然度函数 $\mathrm{Pl}(A)=\sum\limits_{B \cap A \neq \varphi} m(B)$。

信任区间就位于信度函数和似然度函数两者之间，即 $[\mathrm{Bel}(A),\mathrm{Pl}(A)]$，如图 3-16 所示，表示对某个假设的确认程度。

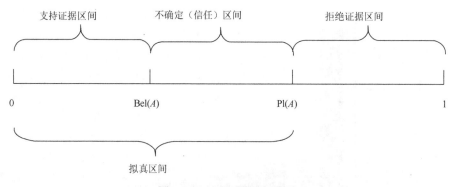

图 3-16　D-S 证据区间图示

D-S 证据理论是信息融合技术中极为有效的不确定性推理，其核心是 D-S 证据组合规则，具有直接表达"不知道"和"不确定"的能力，在多源不确定系统的求解过程中起到重要作用。

对于 $\forall A \subseteq \Theta$，$\Theta$ 上的 n 个 mass 函数 $m_1, m_2, \cdots, m_n$ 的 Dempster 合成规则为

$$(m_1 \oplus m_2 \oplus \cdots \oplus m_n)(A) = \frac{1}{K} \sum_{A_1 \cap A_2 \cap \cdots \cap A_n = A} m_1(A_1) \cdot m_2(A_2) \cdots m_n(A_n) \qquad (3\text{-}6)$$

式中，$A_1, A_2, \cdots, A_n \subseteq \Theta$。$K = \sum_{A_1 \cap A_2 \cap \cdots \cap A_n \neq \varphi} m_1(A_1) m_2(A_2) \cdots m_n(A_n) = 1 - \sum_{A_1 \cap A_2 \cap \cdots \cap A_n = \varphi} m_1(A_1) m_2(A_2) \cdots m_n(A_n)$

D-S 证据推理的基本策略如下：将证据集合划分为两个或两个以上不相关的部分，利用它们分别对问题进行独立判断，然后采用一定的组合规则将判断结果组合起来。

为了验证所采用的 D-S 证据推理融合判断方法的有效性，以三位专家 A、B、C 按重要性标度对 5 项指标的重要性打分结果（表 3-1～表 3-3）为例进行分析。可以看出，三位专家对 5 项指标的重要性打分和排序情况不尽相同：对各指标重要性排序，专家 A 认为是 $B_3 = B_4 > B_5 > B_1 > B_2$，专家 B 认为是 $B_4 > B_5 > B_3 > B_1 > B_2$，而专家 C 认为是 $B_1 \approx B_4 > B_3 > B_5 > B_2$（表 3-4）。

表 3-1　专家 A 判断矩阵

指标	B_1	B_2	B_3	B_4	B_5
B_1	1	3	1/5	1/5	1/3
B_2	1/3	1	1/7	1/7	1/5
B_3	5	7	1	1	3
B_4	5	7	1	1	3
B_5	3	5	1/3	1/3	1

表 3-2　专家 B 判断矩阵

指标	B_1	B_2	B_3	B_4	B_5
B_1	1	2	1/2	1/4	1/3
B_2	1/2	1	1/3	1/5	1/4
B_3	2	3	1	1/3	1/2
B_4	4	5	3	1	2
B_5	3	4	2	1/2	1

表 3-3　专家 C 判断矩阵

指标	B_1	B_2	B_3	B_4	B_5
B_1	1	3	3	1	5
B_2	1/3	1	1/3	1/5	1/2
B_3	1/3	3	1	1/2	5
B_4	1	5	2	1	4
B_5	1/5	2	1/3	1/4	1

以各专家打分判断矩阵表为证据,计算各判断矩阵的特征向量,采用 Dempster 合成规则融合各专家的打分权重结果,见表 3-4。D-S 证据推理融合结果显示:各指标重要性排序为 $B_4 > B_3 > B_5 > B_1 > B_2$,反映了 3 位专家的主流意见;从融合后指标权重来看,各指标权重之间的差异更明显,即重要项的权重更大,次要项的权重更小。

表 3-4　D-S 证据推理融合结果

对象	准则层各项权重				
	B_1	B_2	B_3	B_4	B_5
专家 A	0.075	0.038	0.364	0.364	0.159
专家 B	0.097	0.062	0.160	0.417	0.263
专家 C	0.340	0.065	0.191	0.332	0.073
融合结果	0.037	0.002	0.166	0.753	0.046

可见采用 D-S 证据推理融合判断方法能够有效突出样本数据中的重要项,有利于判断决策准确进行。

3.2.6　安全诊断模型

综合采用上述信息融合方法,可构建基于信息融合的堰塞坝安全诊断模型。按照瀑布结构(图 3-17)依次进行数据级、特征级和决策级融合,同时引入人工辅助分析阶段,在特殊环境下,通过调整风险项的权重来重点监测个别影响因素,当出现明显的安全问题时,可跳过数据融合阶段直接报警。其中,人工辅助分析诊断为可选操作,可分为安全、风险和危险三个等级。堰塞坝的安全性态的判断模式基于产生式规则,如图 3-18 所示,通过收集大坝监测历史数据和现行大坝安全规范,建立一个规则库,通过层级判断得出当前的安全状态。对于重点检测部位，为确保评价结果的准确性，需采用 D-S 证据融合方法判断：将收集到的监测数据集随机分为若干组，对每个数据集进行判断，最后融合结果得出判断的最终结论。

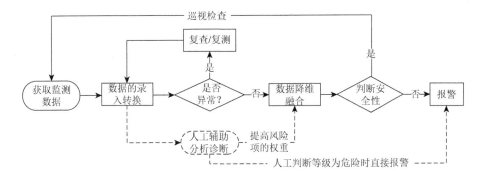

图 3-17 堰塞坝的安全诊断模型

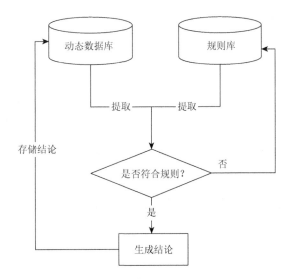

图 3-18 堰塞坝安全性态判断模式流程图

参 考 文 献

程开明.2007.统计数据预处理的理论与方法述评. 统计与信息论坛，87（6）：98-103.

韩崇昭，朱洪艳，段战胜，等.2006. 多源信息融合. 北京：清华大学出版社：1077-1080.

韩祯祥，张琦，文福拴.1999. 粗糙集理论及其应用综述. 控制理论与应用，16（2）：153-157.

何友，王国宏，陆大绘，等.2000.多传感器信息融合及其应用. 北京：电子工业出版社.

黄维彬.1994.测量平差的当代进展——近代测量平差. 测绘通报，（2）：3-9.

贾佳，李欢，王代红，等.2019. 基于神经网络的矿山多源信息融合方法研究. 煤炭技术，38（10）：177-180.

李圣怡，吴学忠，范大鹏.1998. 多传感器融合理论及在智能制造系统中的应用.长沙：国防科技大学出版社.

刘同明，夏祖勋，解洪成.1998.数据融合技术及其应用. 北京：国防工业出版社.

潘泉，等.2013. 多源信息融合理论及应用. 北京：清华大学出版社.

庞恒茂.2013.边坡监测中多源信息融合技术研究. 沈阳：沈阳航空航天大学.

庞新生.2010.缺失数据处理方法的比较. 统计与决策，324（24）：152-155.

任雪松，于秀林.2011.多元统计分析.2版. 北京：中国统计出版社.

宋晓莉，余静，孙海传，等.2006.模糊综合评价法在风险评估中的应用. 微计算机信息，（36）：71-73，79.

杨露菁，余华.2011.多源信息融合理论与应用.2版. 北京：北京邮电大学出版社.

叶伟，马福恒，周海啸.2016.加权优化的D-S证据理论在大坝安全评价中的应用. 水电能源科学，34（6）：96-99.

Abidi M A，Gonzalez R C. 1992.Data Fusion in Robotics and Machine Intelligence. San Diego：Academic Press Professional，Inc.

Comparato V G. 1988. Fusion—The Key to Tactical Mission Success. Proceedings of the Society of Photo-Optical Instrumentation Engineers（SPIE），Volume 0931，Sensor Fusion. Orlando.

Dempster A P. 1967. Upper and lower probabilities induced by multivalued mapping. Annals of Mathematical Statistics，38（2）：325-339.

Hernández A I，Carrault G，Mora F，et al. 1999. Multisensor fusion for atrial and ventricular activity detection in coronary care monitoring. IEEE Transactions on Biomedical Engineering，46（10）：1186-1190.

Katyal S，Kramer E L，Noz M E，et al. 1995. Fusion of immunoscintigraphy single photon emission computed tomography（SPECT）with CT of the chest in patients with non-small cell lung cancer. Cancer Research，55（23）：5759s-5763s.

Murphy R R. 1998a. Dempster-Shafer theory for sensor fusion in autonomous mobile robots. IEEE Transactions on Robotics and Automation，14（2）：197-206.

Murphy R R. 1998b. Sensor and information fusion for improved vision-based vehicle guidance. IEEE Intelligent Systems，13（6）：49-56.

Neira J，Tardos J D，Horn J，et al. 1999. Fusing range and intensity images for mobile robot localization. IEEE Transactions on Robotics and Automation，15（1）：76-84.

Shafer G A. 1976. A Mathematical Theory of Evidence. Princeton：Princeton University Press.

Waltz E L，Buede D M. 1986. Data fusion and decision support for command and control. IEEE Transactions on Systems，Man，and Cybernetics，16（6）：865-879.

第4章 堰塞坝材料参数实时反演技术

4.1 土石坝参数反演方法概述

堰塞坝是由天然堰塞体改建而成的特殊土石坝，具有几何形态复杂、材料性质空间变异性大等特点。受限于人力、物力等条件限制，以及原位试验和取样困难等原因，通常无法准确确定堰塞坝的材料参数，这就难以准确分析评估和预测堰塞坝的工作性态。为此，需采取适当的方法进行堰塞坝材料参数反演。

4.1.1 反演方法的基本原理

解决材料参数反演这类非线性岩土工程问题，较为常用的是正反分析法，即将参数反演问题转换成优化问题。土石坝参数正反分析方法的基本流程如图4-1所示：首先确定合适的材料本构模型和待反演参数，然后根据试验结果并结合工程经验，确定待反演参数的取值范围；再利用合适的反演方法，结合实测数据得到参数反演值；最终评价反演结果的合理性。其中，影响参数反演结果的基本要素主要有待反演参数、实测数据以及反演方法。

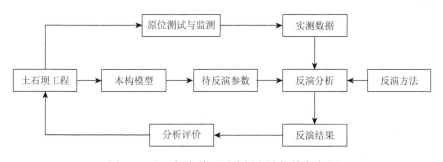

图 4-1 土石坝参数正反分析方法的基本流程

上述土石坝参数正反分析法具有对初值选择的依赖、计算时间很长、通常不能并行计算、对于复杂的非线性多峰优化问题的求解效率不高等缺陷（张丙印等，2005）。为克服这些缺陷，以遗传算法、粒子群算法等为代表的智能优化算法和以神经网络、支持向量机等为代表的机器学习算法（或称代理模型）被引入岩土工程反分析，形成了智能反演方法。与传统的参数优化方法相比，智能优化算法克服了优化结果容易陷入局部极值的缺点，对于不同种类的问题具有较强的鲁棒性，且容易实现并行计算（Qi et al.，2018）；机器学习算法则避开了建立准确模型的难点，可对大型复杂非线性系统进行模拟和替代，具有不依赖于求解问题的种类、算法简单易实现、求解速度快等优点，可在正反分析过程中替代复杂的有限元正演计算，也可直接建立物理响应和待反演参数之间的对应关系（汪旭等，2014）。近年来，智能反演方法已成为土石坝力学参数反演的主流方法。

　　智能反演方法可分为智能正反分析法和智能逆反分析法。智能正反分析法以正反分析法为框架，根据具体实现方式又可分为两类：机器学习完全替代数值计算的智能正反分析法和机器学习不完全替代数值计算的智能正反分析法。其中，前者为常用的智能正反分析法，主要流程分为4步（图4-2）。①本构模型、待反演参数及取值范围的确定。②机器学习算法训练样本和测试样本的构建：在材料参数取值范围内，利用正交试验设计、均匀设计或随机生成等思路来设计不同的材料参数取值组合，并将其代入有限元计算，进而生成由材料参数和力学响应值组成的计算样本，再按一定比例将其分为训练样本和测试样本（迟世春和朱叶，2016；马刚等，2012；Zhou et al.，2016）。③机器学习算法的训练和测试：由训练样本训练算法内置参数，用测试样本测试算法的泛化能力，迭代进行训练和测试，直到误差符合预定要求。④待反演参数的正反分析优化：确定待反演参数初值后，利用机器学习算法计算力学响应，将计算结果与实测数据代入目标函数，采用智能优化算法进行参数优化，最终确定反演参数。这一方法在步骤②和步骤③中会花费一定的计算工作量，但在参数优化时无须再反复调用有限元程序，因而可提高整体计算效率。

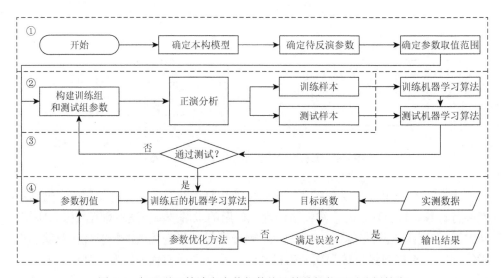

图 4-2　机器学习算法完全替代数值计算的智能正反分析技术

机器学习不完全替代数值计算的智能正反分析法较为少见，其主要步骤是：先用智能优化算法和数值计算进行正反分析，当智能优化算法进行局部搜索时，把接近局部搜索区域的历史计算样本作为训练数据来训练机器学习算法，再用训练好的机器学习算法代替数值计算进行参数反演（张研等 2013；黄伟和刘华，2016）。这种方法的特点是仅在智能优化的部分过程中（如耗时的局部搜索时）调用机器学习算法所建立的回归关系，优点是不需要人为预先构建计算样本，且机器学习算法模拟的局部关系针对性较强；但相对较小的计算样本量可能会降低机器学习算法的回归精度，而且前期的数值计算也会增加反演整体耗时。

智能逆反分析法的具体流程也可分为 4 步（图 4-3）：①本构模型、待反演参数及取值范围的确定；②机器学习算法训练样本和测试样本的构建；③机器学习算法的训练和测试；④待反演参数的逆反分析优化。这种方法也需要在步骤②和③中花费一定的计算工作量，来建立以实测参数为输入、力学参数为输出的对应关系（与智能正反分析法中建立的对应关系相反），但后期可利用该映射关系直接输出力学参数的取值，省去了迭代优化过程。

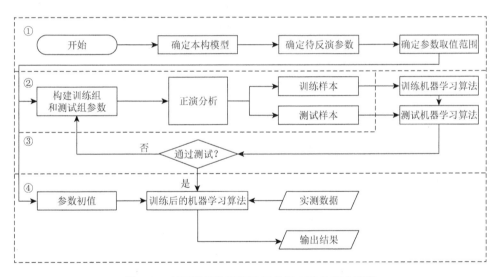

图 4-3　土石坝参数智能逆反分析方法的基本流程

4.1.2　常用智能优化算法

目前已有许多不同的智能优化算法，其中比较有代表性的有：属于进化类算法的遗传算法（genetic algorithm，GA）、属于群智能算法的粒子群优化（particle swarm optimization，PSO）算法、模拟退火（simulated annealing，SA）算法以及禁忌搜索（tabu search，TS）算法等，各算法的流程分别如图 4-4～图 4-7 所示。

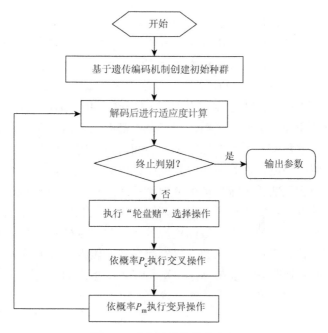

图 4-4 遗传算法的基本流程

（P_c 为交叉概率；P_m 为变异概率）

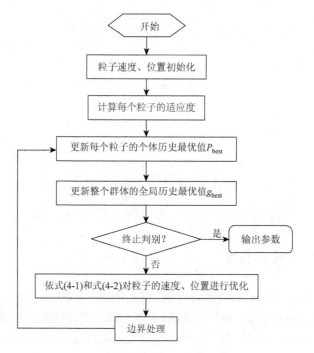

图 4-5 粒子群优化算法的基本流程

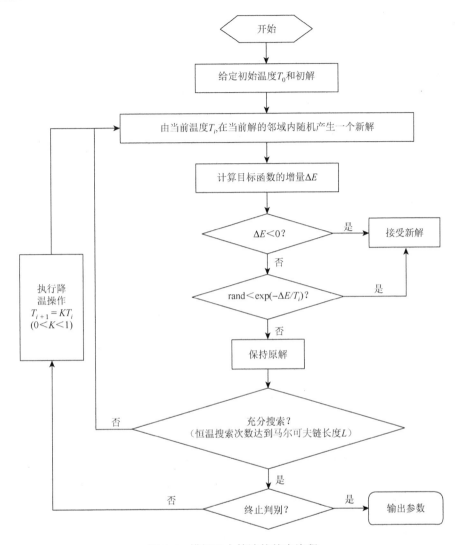

图 4-6　模拟退火算法的基本流程

其中粒子群优化算法的解集更新策略如下：

$$\begin{cases} v(t+1) = \omega(t)v(t) + c_1 r_1 [p(t) - x(t)] + c_2 r_2 [g(t) - x(t)] \\ x(t+1) = x(t) + v(t+1) \end{cases} \qquad (4\text{-}1)$$

$$w(t) = w_{\max} - \frac{(w_{\max} - w_{\min})t}{T_{\max}} \qquad (4\text{-}2)$$

式中，$v(t)$ 和 $x(t)$ 分别为第 t 迭代步粒子的速度和位置；$w_{\max}$ 和 $w_{\min}$ 为惯性权重取值的上下限；$T_{\max}$ 为最大迭代步；c_1 和 c_2 为加速系数；r_1 和 r_2 为取值范围为[0, 1]的随机数；$p(t)$ 和 $g(t)$ 分别为第 t 迭代步时粒子个体的 p_{best} 和粒子群的 g_{best}。

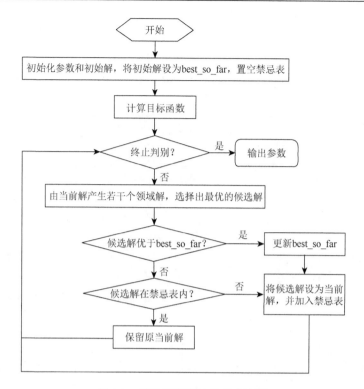

图 4-7 禁忌搜索算法的基本流程

对上述 4 种算法，选用了 6 种基准函数（benchmark functions）进行测试（表 4-1）。其中，f_1 和 f_2 为单峰函数，$f_3 \sim f_6$ 均为多峰函数，测试时维数均取为 4。4 种智能优化算法的参数取值如下：GA 和 PSO 算法的种群大小均为 20，最大迭代次数为 3000 次，GA 的 P_c 取为 0.8，P_m 取为 0.15，PSO 算法的 c_1 和 c_2 均取 1.5，$w_{\max}$ 和 $w_{\min}$ 分别取 0.8 和 0.2；针对不同的测试函数，v 的范围分别设为 [−1, 1]、[−10, 10]、[−10, 10]、[−100, 100]、[−1, 1] 和 [−100, 100]；SA 的恒温最大搜索次数（马尔可夫链长 L）为 200，温度衰减系数 K 为 0.998，初温 T_0 为 100；TS 算法的邻域解个数设为 10，禁忌表长度设为 10。每种智能算法对各测试函数分别独立反演 10 次，再将目标函数下降曲线作对数平均，最终结果如图 4-8 所示。

表 4-1 用于测试智能优化算法的 6 种函数

序号	测试函数类型	函数表达式	各维度搜索范围	最优解位置	最小值	备注
f_1	Sphere	$\min f_1(x) = \sum_{i=1}^{n} x_i^2$	[−5.12, 5.12]	[0, 0, ⋯]	0	单峰函数
f_2	Rotated hyper-ellipsoid	$\min f_2(x) = \sum_{i=1}^{n} \left(\sum_{j=1}^{i} x_j \right)^2$	[−65.536, 65.536]	[0, 0, ⋯]	0	单峰函数

续表

序号	测试函数类型	函数表达式	各维度搜索范围	最优解位置	最小值	备注
f_3	Ackley	$\min f_3(x) = 20 + e - \exp\left[\dfrac{1}{n}\sum\limits_{i=1}^{n}\cos(2\pi x_i)\right]$ $-20\exp\left(-0.2\times\sqrt{\dfrac{1}{n}\sum\limits_{i=1}^{n}x_i^2}\right)$	[−32.768, 32.768]	[0, 0, ⋯]	0	多峰函数
f_4	Griewank	$\min f_4(x) = \dfrac{1}{4000}\sum\limits_{i=1}^{n}x_i^2 - \prod\limits_{i=1}^{n}\cos\left(\dfrac{x_i}{\sqrt{i}}\right)$	[−600, 600]	[0, 0, ⋯]	0	多峰函数
f_5	Rastrigin	$\min f_5(x) = 10n + \sum\limits_{i=1}^{n}\left[x_i^2 - 10\cos(2\pi x_i)\right]$	[−5.12, 5.12]	[0, 0, ⋯]	0	多峰函数
f_6	Schwefel	$\min f_6(x) = 418.9829n - \sum\limits_{i=1}^{n}x_i\sin\left(\sqrt{|x_i|}\right)$	[−500, 500]	[420.9687, 420.9687, ⋯]	0	多峰函数

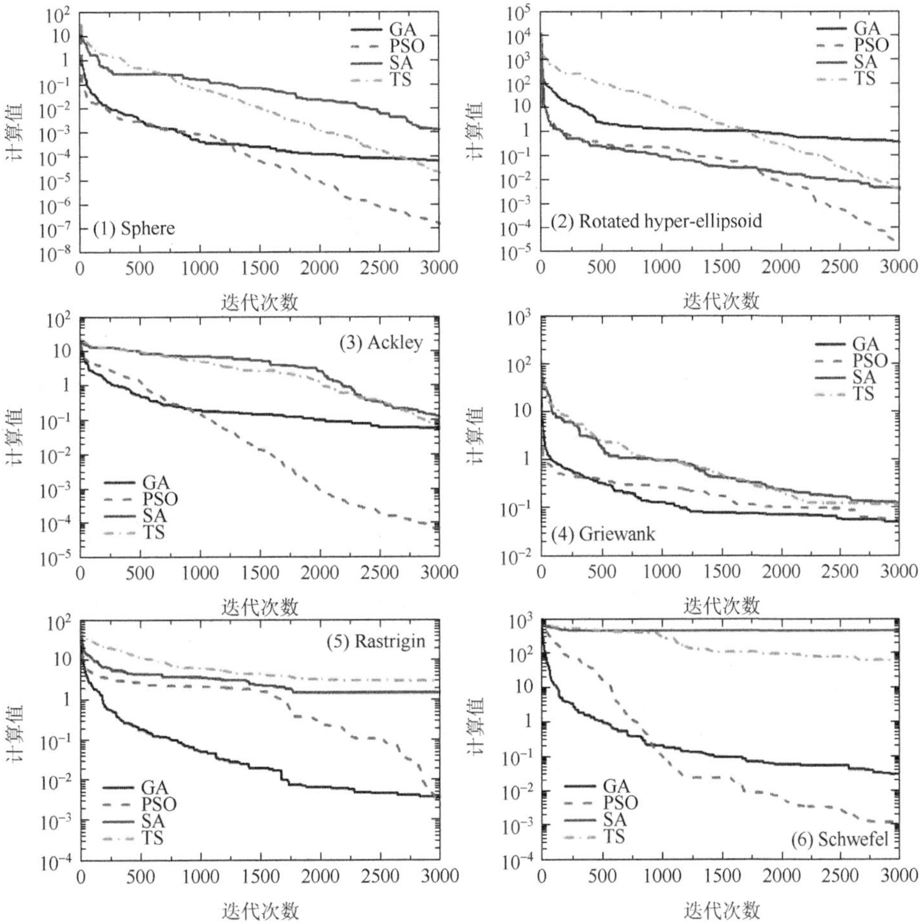

图 4-8　6 种测试函数的测试结果（对数平均）

　　上述测试结果表明，对于单峰函数寻优问题（f_1 和 f_2），各算法均能迅速地找到峰值区间，并逐渐收敛至最优值，但是由 PSO 算法得到的解的精度更高；对于多峰函数寻优问题，PSO 算法的求解精度也是较高的（特别是 f_3 和 f_6）。但是对于 f_4，各个算法均容易陷入局部最优点（偏离了全局最优解[0, 0, 0, 0]），经过 3000 次迭代，目标函数的下降也并不明显。而对于 f_5，PSO 算法虽然也能得到较高精度的解，但 GA 的搜索效率更高。另外，可以注意到，在利用 SA 算法和 TS 算法进行多峰函数寻优时，解的精度并不高，因为这里 SA 算法和 TS 算法的优化策略未经过改进，其产生新解的方式均是基于原解的邻域随机生成，因而本质上仍然属于局部搜索。

　　因此，总体来看，粒子群优化（PSO）算法的寻优能力是较为突出的，而且该算法的其优化策略主要基于速度-位移模型［式（4-1）和式（4-2）］，不需要如 GA 复杂的编码、解码以及多重遗传操作，算法较为简洁。

4.1.3　常用机器学习算法

　　机器学习算法中最为常用的是神经网络方法，该方法利用神经网络技术，构建力学参数和物理力学响应之间的复杂非线性映射关系，是目前解决土石坝参数反演的最常见方法。

　　在参数反演过程中，神经网络方法要解决的是回归问题，即首先通过数值模拟构建足够的学习样本，之后用学习样本训练机器学习算法，建立起力学参数和物理力学响应之间的复杂非线性映射关系，从而在反演时可利用建立的映射关系来代替有限元正演计算，大大提高反演效率。

　　用于参数反演的常用神经网络方法主要有：基于误差的反向传播（back propagation，BP）神经网络（Rumelhart et al.，1986）以及径向基函数（radial basis function，RBF）神经网络（Moody and Darken，1988）等，其中 BP 网络最为常用（图 4-9）。BP 网络法的学习过程主要由四部分组成：输入模式顺传播（即正向传播）、输出误差逆传播（即反向传播）、循环记忆训练和学习结果判别。在正向传播过程中，输入信息从输入层经隐含层单元逐层处理，并传入输出层，每一层神经元的状态只影响下一层神经元的状态。如果输出层不能达到所期望的输出，则转入反向传播，将误差信号沿原来的连接通路返回，修改各层神经元的权值，使得误差信号减小，然后再转入正向传播过程，反复迭代至误差小于给定值。

　　传统的 BP 神经网络法存在如下缺陷：训练网络参数时采用标准梯度下降法，容易陷入局部极小值；训练速度较慢，网络结构较难确定，训练精度和泛化能力不易兼顾等。改进的常见策略是：改进误差函数、激发函数，优化网络

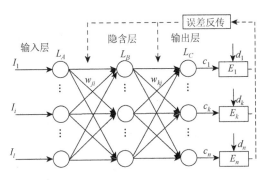

图 4-9　三层 BP 网络结构示意图

结构,通过优化参数的初始值、自适应调节学习参数等改进标准梯度下降法(刘曙光等,1996),或采用全局优化算法代替原先的局部优化策略(Ding et al.,2011)等。

为了充分利用智能优化算法的全局优化能力和机器学习算法对复杂非线性关系的模拟能力,反演分析时常将两者结合起来(图 4-3)。反演分析时,智能优化算法与机器学习算法的结合方式主要有两种:第一种方式是,在反演前先用有限元构建全部搜索区域内的全局训练样本,然后训练、测试神经网络,在反演过程中全程由神经网络替代有限元;而第二种方式是,在反演初期利用有限元来正演计算,同时累积训练样本,当优化算法进入较耗时的局部搜索阶段时,用靠近局部搜索区域的历史计算点构建训练样本,在局部搜索阶段中用神经网络来替代有限元计算。

4.1.4　粒子群优化算法与 BP 神经网络法比较

分别采用粒子群优化算法与 BP 神经网络法,对一个简单算例进行参数反演,以比较其反演效果。

该算例为分期填筑的黏土心墙坝,坝高为 100m,坝顶宽为 10m,上下游坝坡坡比为 1∶2,心墙顶宽为 6m,心墙坡比为 1∶0.2。坝体分 10 级填筑,每级填土高度为 10m。心墙坝有限元计算网格如图 4-10 所示,图中 16 个点为虚拟的测点位置。

计算分析中,不考虑蓄水的影响,岩土体本构模型选用土石坝工程计算分析中常用的邓肯-张 E-B 模型。考虑到模型参数中 K、n、K_b、m 的敏感性较大,选择黏土心墙的这 4 个参数作为待反演参数。

反演分析时,先拟定待反演参数的"真值",将其作为反演目标值,将待反演参数取"真值"时的正演结果(竖向位移)作为"实测值"。其中,拟定的待

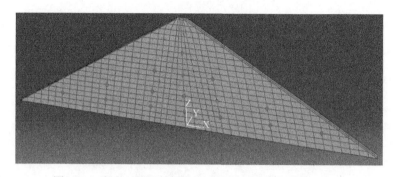

图 4-10　黏土心墙坝算例有限元计算网格及虚拟测点位置

反演参数"真值"为（500，0.35，470，0.15），黏土心墙的其余材料参数取值为 $R_f = 0.8$，$c = 50\text{kPa}$，$\varphi = 30°$，$\varphi_0 = 0°$，$K_{ur} = 800$，$\rho = 2\text{g/cm}^3$，坝壳料的材料参数取为 $K = 1100$，$n = 0.3$，$K_b = 600$，$m = 0.1$，$R_f = 0.8$，$c = 10\text{kPa}$，$\varphi = 40°$，$\varphi_0 = 0°$，$K_{ur} = 1800$，$\rho = 2.2\text{g/cm}^3$。反演时，参数取值范围为反演目标值的 $\pm 20\%$，即（[400, 600]，[0.28, 0.42]，[376, 564]，[0.12, 0.18]），以平均最小二乘目标函数作为目标函数。

1）粒子群优化算法

采用 Python 编写程序，实现了基于 Abaqus 软件的粒子群优化算法反演。程序流程如图 4-11 所示，其中，inp 文件中材料参数的变化、odb 文件中位移结果的读取以及粒子群优化等均由 Python 语言编写。

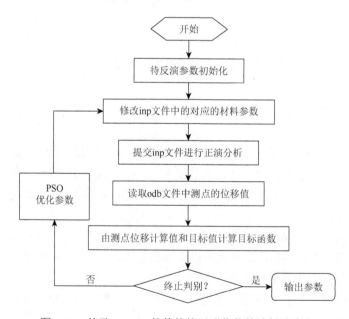

图 4-11　基于 Abaqus 软件的粒子群优化算法反演流程

反演计算时，粒子群算法的参数取值是：种群数量为 10，w_{max} 和 w_{min} 为 0.8 和 0.2，c_1 和 c_2 均为 1.5，最大迭代次数为 40。反演误差收敛情况如图 4-12 所示，可以看出，迭代 40 次后，待反演材料参数的误差均减小至 5%以内，目标函数值收敛到 10^{-8} 量级，表明采用粒子群优化算法能够较准确地确定待反演参数。

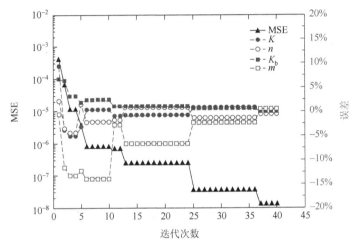

图 4-12　基于 Abaqus 软件的粒子群优化算法反演效果

值得注意的是，采用上述方法反演所需耗时较长（普通台式机上约需 30min），计算效率较低，这主要是因为反演时需反复调用有限元进行正演计算（与传统正反分析法相同）。

2）BP 神经网络法

建立输入层为 4 个神经元（对应 4 个待反演参数），隐藏层为 10 个神经元，输出层为 1 个神经元（对应固定目标测值的目标函数值）的神经网络，隐藏层神经元激活函数均采用双曲正切 S 型函数[式（4-3）]，输出层神经元激活函数采用线性函数。需要指出的是，考虑到这里目标测值是固定的，相比于建立 16 个输出（对应 16 个测值）的神经网络，直接建立以目标函数值为输出的神经网络更容易实现，所以这里采用后者。

$$f(x) = \frac{2}{1+e^{-x}} - 1 \tag{4-3}$$

基于上述的土石坝算例，通过对每个参数平均取 5 个水平构建 $5^4 = 625$ 组正交样本，另外构建 1250 组随机样本。将 625 组正交样本和 625 组随机样本作为训练样本，将另外 625 组随机样本作为测试样本，并对输入和输出数据分别作归一化处理。BP 神经网络的训练方法采用梯度下降法，学习率取 0.05，最大迭代次数为 2000。

结果显示，神经网络的训练误差（MSE）为 3.416×10^{-4}，测试误差（MSE）为 0.013，计算值和目标值的吻合情况如图 4-13 所示。可以看出，所建立的神经网络可以较好地反映待反演参数和目标函数的对应关系，未出现"过拟合"现象。

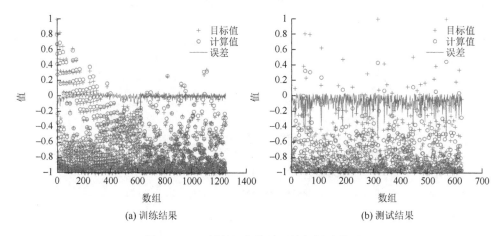

(a) 训练结果　　　　　　　　　　　　　　　　(b) 测试结果

图 4-13　BP 神经网络算法训练与测试结果

上述算例计算结果表明，采用神经网络算法在前期构造有限元计算样本时需消耗较多时间，但有限元计算样本可利用单机多线程或多台计算机同时计算来完成，而且神经网络一旦完成训练和测试，即可将实时测值直接输入网络模型，完成待反演参数的快速和较高精度的反演；而粒子群优化算法则需要在反演过程中反复调用有限元计算程序，实际计算耗时反而较长。因此，当数值计算量较大时，较为适合的反演模式是：选择以测值为输入、待反演参数为输出构建神经网络模型，再利用训练样本和测试样本来训练、测试网络，进而模拟测值和待反演参数之间的复杂函数关系。

4.2　基于"参数敏感性"的待反演参数及测点位置优选方法

4.2.1　待反演参数和测点位置综合确定方法

为确保反演结果的唯一性和准确性，一般应尽量减少待反演参数的数量（向天兵，2010）。待反演参数一般选为不确定性较大或对坝体应力变形性状影响较大的独立参数。参数对坝体应力变形性状影响程度可通过参数敏感性分析来确定，主要可分为局部敏感性分析和全局敏感性分析。前者仅考虑单因子变化对结果的影响，通常用敏感性指标 SI 评价（Hamby，1994），后者则考虑了多因子的综合影响，常用方法有 Morris 法（Morris，1991）、正交试验设计法（姜同川，1985）、回归分析法（Morris，1991）、Sobol 指数法（Sobol，1993）、傅里叶振幅检验法（Cukier et al.，1973）等。

其中，Morris 法是待反演参数的敏感性分析时最常用的方法。该方法通过在全局范围内对每个可能的待反演参数进行随机微扰动，考察因变量对自变量变化的敏感度。而修正的 Morris 法是将自变量以固定步长变化，敏感度取多个 Morris 影响值的平均值。根据修正的 Morris 方法，对各输入参数 x_i $(i=1,2,3,\cdots,k)$ 分别作归一化处理，并将各参数的取值均离散为 p 个水平（p 取为偶数）：$\{0, 1/(p-1), 2/(p-1),\cdots,1\}$，取各水平的概率相同，针对第 i 个参数 x_i 敏感度的某次因子效应量 EE_i（elementary effects）的计算方式为

$$EE_i = \frac{y(x_1,x_2,\cdots,x_{i-1},x_i+\Delta,x_{i+1},\cdots,x_k) - y(x_1,x_2,\cdots,x_{i-1},x_i,x_{i+1},\cdots,x_k)}{\Delta}$$

$$(4\text{-}4)$$

式中，EE_i 为针对第 i 个参数 x_i 的敏感度的某次"因子效应量"；x_i 为第 i 个输入参数值，注意式中 x_i 从离散范围 $\{0, 1/(p-1), 2/(p-1),\cdots,1-\Delta\}$ 中等概率取值，其他参数从离散范围 $\{0, 1/(p-1), 2/(p-1),\cdots,1\}$ 中等概率取值；y 为运行结果；Δ 为参数扰动量，固定参数扰动量 $\Delta = p/[2(p-1)]$ 以缩小取样空间提高计算效率；k 为参数个数。为评价参数的全局敏感度，需要对各参数 x_i $(i=1,2,3,\cdots,k)$ 的取值在上述离散范围内进行多次随机模拟，计算不同水平下的因子效应量 EE_i，并取平均值作为参数 x_i 的最终敏感度指标。

测点位置优选时一般认为应遵循大值原则、敏感性原则和最小方差原则。其中，大值原则以优先选择测值较大的测点为原则，以测值的绝对值为评价指标，对于同一量测误差水平而言，测值的绝对值越大，量测误差所占的比重就越小，测值的可信度也就越高（吕爱钟和焦春茂，2004）。敏感性原则以优先选择对待反演参数变化较敏感的测点为原则，以参数灵敏度为评价指标，参数灵敏度越大的测点，其测值对待反演参数越敏感，因而有利于得到较可靠的待反演参数结果（佘远国和沈成武，2010）。最小方差原则以优先选择参数估计误差方差最小的测点为原则，以 Fisher 信息矩阵 $\boldsymbol{J}^{\mathrm{T}}\boldsymbol{J}$ 的逆矩阵 $\boldsymbol{D}$ 为评价指标（其中 $\boldsymbol{J}$ 是灵敏度矩阵）；根据优化准则的不同，该原则可进一步细分为"D-最优设计"（$\boldsymbol{D}$ 的行列式最小化）、"A-最优设计"（$\boldsymbol{D}$ 的迹最小化）和"E-最优设计"（$\boldsymbol{D}$ 的最大特征值最小化）等（Haftka et al.，1998）。

宋志宇（2007）还基于多参数多效应量提出了一种"监测点位置优选度"的概念和计算方法，该方法通过给大值原则和敏感性原则赋予不同权重来综合评价不同位置布置监测点的适用程度，从而直观地优选出合适的测点位置。实际上，大值原则和敏感性原则都反映了测点的测值误差对反演结果的影响。其中，大值原则直接反映的是测点的测值抵御"绝对误差"的能力，间接地定性

了测点测值对参数反演结果的影响程度。相比较而言，敏感性原则与反演结果的稳定性更密切，可直接由式（4-4）来量化参数反演值抵御测点测值"绝对误差"的能力，其值越大表明测值的"绝对误差"对参数反演结果的影响也越大。

从上述分析可见，待反演参数和位移测点位置优选时都可依照敏感性原则，实现参数敏感性的最大化，只是两者目的有所相同。优选待反演参数时进行参数敏感性分析，是为了找出对测点测值影响大的参数，而优选位移测值时进行参数敏感性分析，是为了找出测值受待反演参数影响大的测点位置。因而可以考虑利用该原则同时优选出待反演参数和位移测点位置。为此，基于简化 Morris 思想，提出一种"参数-测点优选度"计算方法。该方法仅利用敏感性原则来同时优选出待反演参数和测点位置，而且在确定敏感度时无须计算导数值，实现较为简单。

考虑到待反演参数数量较多时，即使采用修正的 Morris 法，所需的模拟次数也会很多，因此，需对其进行简化。简化思路是对修正的 Morris 法中的全局敏感性进行"解耦"，即当分析某一参数的敏感性时，其他参数均取为中间水平。虽然这一方法本质上是一种局部敏感性分析，但其他参数均取为中间水平这一设定在一定程度上等效于其他参数取不同水平时全局敏感性的平均。首先，同修正的 Morris 法一样，对各输入参数 x_i ($i = 1, 2, 3, \cdots, k$) 分别作归一化处理，并将各参数在取值范围内均离散为 p 个水平（为使中间水平存在，p 取为奇数，且 $p > 1$）：{0, $1/(p-1)$, $2/(p-1)$, $\cdots$, 1}，则各监测位置针对参数 x_i 的"参数-测点优选度"指标 F_i 计算公式为

$$F_i = \frac{1}{N} \sum_{j=1}^{N} \left| \frac{y_{j+1} - y_j}{\Delta} \frac{1}{|y_m|_{\max}} \right| \tag{4-5}$$

$$y_j = y(x_{1m}, x_{2m}, \cdots, x_{(i-1)m}, x_{ij}, x_{(i+1)m}, \cdots, x_{km}) \tag{4-6}$$

$$y_{j+1} = y(x_{1m}, x_{2m}, \cdots, x_{(i-1)m}, x_{ij} + \Delta, x_{(i+1)m}, \cdots, x_{km}) \tag{4-7}$$

式中，F_i 为各监测位置针对参数 x_i 的"参数-测点优选度"指标（每一监测位置均有一个 F_i，可理解为一个指标场）；x_{ij} 为参数 x_i 的第 j 个水平量，x_{1m}（类似参数同理）为参数 x_1 的中间水平量（$m = 1/2$）；Δ 为参数扰动量，为缩小取样空间提高计算效率，固定参数扰动量 $\Delta = (p+1)/[2(p-1)]$，$N = (p-1)/2$；y_j 为各监测位置处第 j 次位移计算结果；$|y_m|_{\max}$ 为所有参数均取中间水平量（$m = 1/2$）时的测点位移场绝对值的最大值，该项对同一监测量而言为一恒定值，加入该项的目的仅是消除分子 y_j 的量纲，对参数敏感度排序无影响。

需要说明的是，提出的简化 Morris 法保留了修正 Morris 法对输入参数进行

归一化的预处理，以便考虑参数预定范围的影响。因为，对于同一参数增量（实际值）而言，参数预定范围越大，算得的参数灵敏度越高。例如，设计算模型为 $y = x$，对于参数 x 的预定范围分别为[-1, 1]和[-2, 2]，然后分别进行参数敏感性计算，令某次计算时对参数 x 值（实际值）的增量均为从 0 增至 1，对此敏感度分子（测值差）相同，但前者的分母 Δ（归一化后的增量）为后者的两倍，因而此步计算的敏感度前者是后者的 0.5 倍。在进行待反演参数选择时，参数 x 的预定范围越大说明不确定性越强，越有反演的必要，而计算得到的参数灵敏度越高，也说明针对该参数进行反演的必要性，这两者的指向性是一致的；而在进行测值优选时，针对同一参数的测值优选度计算值是进行同时缩放的，不影响测点的优选次序。

采用所提出的"参数-测点优选度"进行待反演参数和测点位置优先的基本思路是：先计算针对各参数的"参数-测点优选度"指标场 F_i 的最大值$(F_i)_{max}$（每个待选测点均有 1 个 F_i，取各测点的最大值），选择$(F_i)_{max}$ 较大的参数作为优选后的待反演参数，然后针对若干个优选后的待反演参数，计算针对不同待反演参数的"参数-测点优选度"指标场 F_i 的均值，取较大值所在位置作为优选后的测点位置。

4.2.2　不同类型堰塞坝的待反演参数及测点位置优选分析

采用所提出的"参数-测点优选度"方法，对本书第 1 章中所建立三个不同类型的堰塞坝概化模型（Ⅰ-U-1、Ⅰ-U-2 和Ⅱ-U-1）进行优选分析，以揭示不同类型堰塞坝适当的待反演参数和位移测点方案。

1）概化模型Ⅰ-U-1

假设测点位置未知，即模型内空间各点均为待选监测位置，另假设堰塞体（始终将残余滑坡体和堰塞体参数取为相同值）待优选参数为 K、N、R_f、φ_0、$\Delta\varphi$、K_b、M，新建坝待优选参数为 K、N、R_f、φ_0、c、K_b、M，设各参数的反演范围取为 1.4.1 节中计算值上下浮动±20%。在该反演范围内，取离散水平 $p = 9$，利用式（4-5）计算不同监测量各测点位置针对参数 x_i 的"参数-测点优选度"指标 F_i。

计算分析时监测量主要考虑施工期坝轴向水平相对位移（Con-U1）、施工期顺河向水平相对位移（Con-U2）、施工期竖向相对位移（Con-U3）、蓄水期顺河向水平相对位移（Water-U2）和蓄水期竖向相对位移（Water-U3）。根据各待优选参数的"参数-测点优选度"指标最大值$(F_i)_{max}$ 来优选待反演参数（图 4-14）。可以看出，堰塞体和新建的 φ_0、K_b、R_f、K 这 4 个参数的优选度较大，应选择为待反演参数。

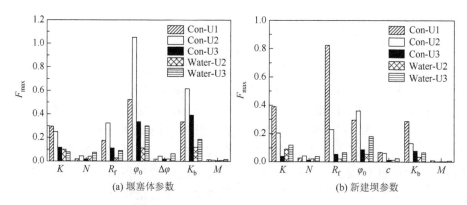

(a) 堰塞体参数　　　　　　　　　　　(b) 新建坝参数

图 4-14　概化模型 I -U-1 各参数的"参数-测点优选度"分析结果

确定优选度较大的待反演参数为 φ_0、K_b、R_f、K 后，进行测点位置优选时，只需分析各监测位置对这 4 个参数"参数-测点优选度"指标。利用式（4-5）可算得 F_{φ_0}、F_{K_b}、F_{R_f}、F_K 在各空间点位的分布。

当反演材料为堰塞体、监测量为各时期相对位移时，各监测位置的平均"参数-测点优选度"指标场分布（平均 F）如图 4-15 所示。可以看出，除"Con-U1"外，各分布和相对位移分布规律接近。将各情况的最佳测点和相对位移最大点汇总于表 4-2。可以看出，对于不同类型的监测量，最大位移点的优选度均处于较高水平，因此在反演时可把最大位移点作为反演测点。

当反演材料为新建坝、监测量为各时期位移增量时，各监测位置的平均"参数-测点优选度"指标场分布（平均 F）如图 4-16 所示。同样各情况的最佳测点和位移增量最大点汇总于表 4-2。可以看出，在施工期，最佳测点和最大位移点差别较大，最佳测点的优选度处于中等水平，最大位移点的优选度则处于较低水平，因此，不宜把最大位移点作为反演测点；在蓄水期，可考虑把最大竖向位移点作为反演测点，但不宜把最大水平位移点作为反演测点。

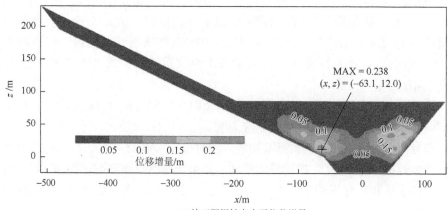

(a) 施工期坝轴向水平位移增量

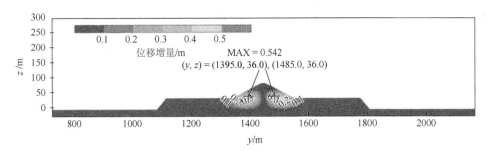

(b) 施工期顺河向水平位移增量

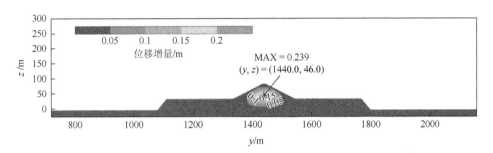

(c) 施工期竖向位移增量

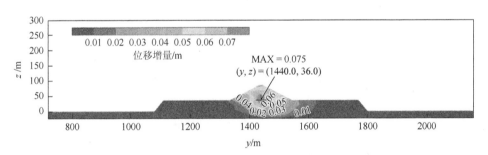

(d) 蓄水期顺河向水平位移增量

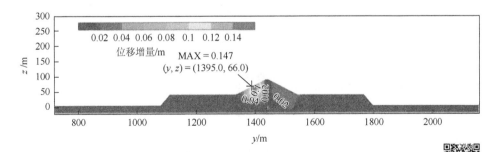

(e) 蓄水期竖向位移增量

图 4-15　概化模型 I -U-1 反演堰塞体时各测点的平均"参数-测点优选度"指标 F 等值线

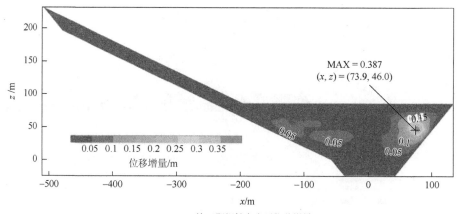

(a) 施工期坝轴向水平位移增量

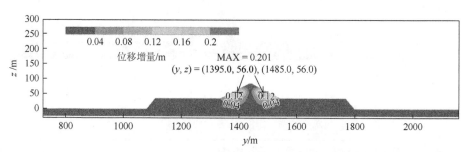

(b) 施工期顺河向水平位移增量

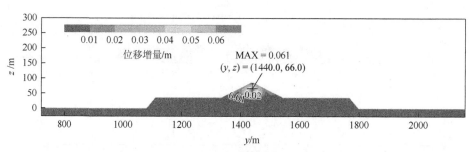

(c) 施工期竖向位移增量

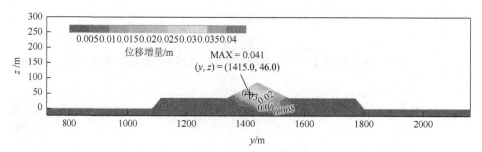

(d) 蓄水期顺河向水平位移增量

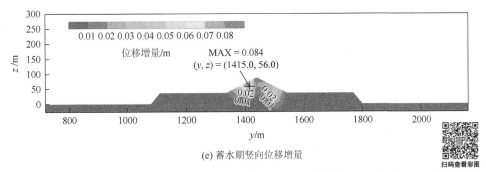

(e) 蓄水期竖向位移增量

图 4-16　概化模型 I-U-1 反演新建坝时各测点的平均"参数-测点优选度"指标 F 等值线

表 4-2　概化模型 I-U-1 最佳测点和最大位移点汇总

监测量	反演材料	最佳测点			最大位移点		
		坐标	位移量/m	优选度	坐标	位移量/m	优选度
Con-U1	堰塞体	(−63.1, 12.0)	0.047	0.238	(78.9, 36.0)	0.095	0.186
	新建坝	(73.9, 46.0)	0.048	0.387	(78.9, 36.0)	0.095	0.223
Con-U2	堰塞体	(1395.0, 36.0) (1485.0, 36.0)	0.160	0.542	(1375.0, 24.0) (1505.0, 24.0)	0.161	0.423
	新建坝	(1395.0, 56.0) (1485.0, 56.0)	0.090	0.201	(1375.0, 24.0) (1505.0, 24.0)	0.161	0.054
Con-U3	堰塞体	(1440.0, 46.0)	0.771	0.239	(1440.0, 36.0)	0.785	0.190
	新建坝	(1440.0, 66.0)	0.419	0.061	(1440.0, 36.0)	0.785	0.014
Water-U2	堰塞体	(1440.0, 36.0)	0.160	0.075	(1440.0, 24.0)	0.164	0.071
	新建坝	(1415.0, 46.0)	0.124	0.041	(1440.0, 24.0)	0.164	0.023
Water-U3	堰塞体	(1395.0, 66.0)	0.057	0.145	(1395.0, 66.0)	0.057	0.145
	新建坝	(1415.0, 56.0)	0.051	0.084	(1395.0, 66.0)	0.057	0.076

注：除"Con-U1"对应的坐标为 (x, z) 外，其余监测量对应的坐标为 (y, z)。

2）概化模型 I-U-2

由于概化模型 I-U-2 无新建坝施工过程，因而仅需根据蓄水期位移监测量对堰塞体参数进行反演，假设其待优选的堰塞体反演参数和概化模型 I-U-1 相同，各待优选参数的"参数-测点优选度"指标最大值 F_{max} 的计算结果如图 4-17 所示。可以看出，蓄水期优选度较大的堰塞体参数是 φ_0、K、K_b、n。

类似地，确定优选度较大的待反演参数为 φ_0、K、K_b、n 后，可分析各监测位置对堰塞体材料这 4 个参数"参数-测点优选度"指标。利用式（4-5）可算得针对 F_{φ_0}、F_K、F_{K_b}、F_n 的平均"参数-测点优选度"指标场分布（平均 F），如图 4-18 所示。可以看出，各分布和位移增量分布规律接近。各情况的最佳测点和位移增量最大点汇总于表4-3。可见，最大位移点的优选度均处于较高水平，在反演时可考虑把最大位移点作为反演测点。

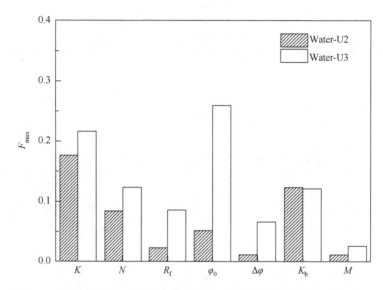

图 4-17　概化模型 I-U-2 堰塞体参数的"参数-测点优选度"分析结果

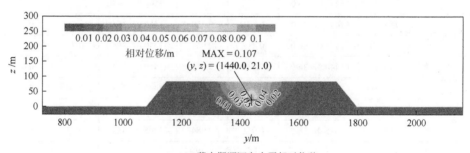

(a) 蓄水期顺河向水平相对位移

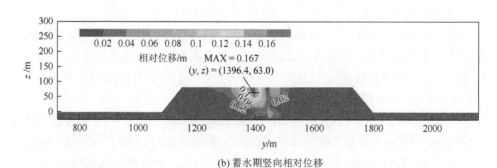

(b) 蓄水期竖向相对位移

图 4-18　概化模型 I-U-2 反演堰塞体时各测点的平均"参数-测点优选度"指标 F 等值线

表 4-3　概化模型Ⅰ-U-2 最佳测点和最大位移点汇总

监测量	反演材料	最佳测点			最大位移点		
		坐标	位移量/m	优选度	坐标	位移量/m	优选度
Water-U2	堰塞体	(1440.0，21.0)	0.113	0.107	(1440.0，10.5)	0.116	0.096
Water-U3	堰塞体	(1396.4，63.0)	0.025	0.167	(1396.4，63.0)	0.025	0.167

注：表中最佳测点和最大位移点对应的坐标为（y, z）。

3）概化模型Ⅱ-U-1

假设堰塞坝模型Ⅱ-U-1 的待优选的堰塞体和新建坝反演参数和概化模型 Ⅰ-U-1 相同，各待优选参数的"参数-测点优选度"指标最大值 $F_{\max}$ 的计算结果 如图 4-19 所示。可以看出，对于不同位移监测量以及不同的材料，待反演参数的 优选顺序不同，但优选度较大的多数为 φ_0、K_b、R_f、K 这 4 个待反演参数。

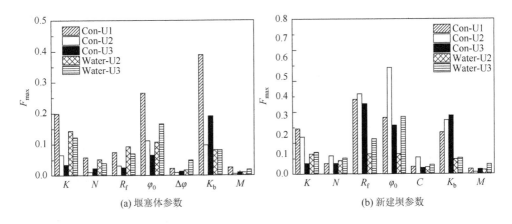

(a) 堰塞体参数　　　　　　　　　(b) 新建坝参数

图 4-19　概化模型Ⅱ-U-1 各参数的"参数-测点优选度"分析结果

利用式（4-5）可算得 F_{φ_0}、F_{K_b}、F_{R_f}、F_K 在各空间点位的分布。当反演材 料为堰塞体、监测量为不同时期位移增量时，各监测位置的平均"参数-测点优 选度"指标场分布（平均 F）如图 4-20 所示。可以看出，位移监测量为蓄水期 位移时，平均"参数-测点优选度"分布和位移增量分布规律接近，堰塞坝施工 期的位移反演测点最优位置位于新建坝和原堰塞体的界面处。这主要是由于在 堰塞坝施工期，新建坝分层施工是以外载的形式影响旁侧的堰塞体，在新建坝 自重不变的情况下，堰塞体材料参数的改变主要影响了堰塞体表层区域的位移 增量，连带对新建坝和堰塞体接触区域的位移增量产生了一定影响。这与概化 模型Ⅰ-U-1 相类似，所不同的是概化模型Ⅰ-U-1 中的新建坝恰好位于原堰塞体

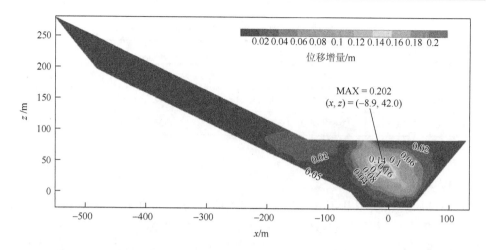

(a) 施工期坝轴向水平位移增量

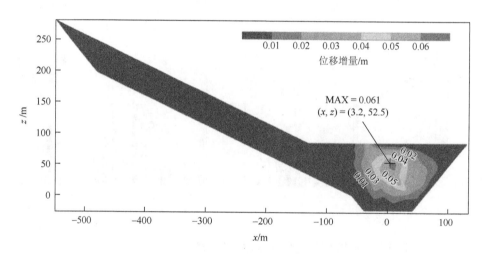

(b) 施工期竖向位移增量

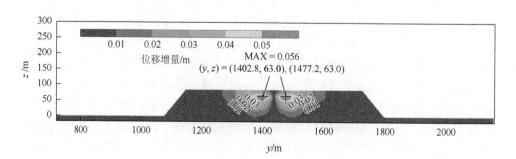

(c) 施工期堰塞体顺河向位移增量

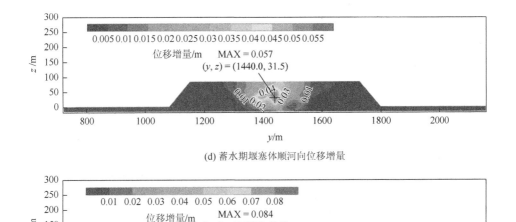

(d) 蓄水期堰塞体顺河向位移增量

(e) 蓄水期堰塞体竖向位移增量

图 4-20　概化模型 II-U-1 反演堰塞体时各测点平均"参数-测点优选度"指标 F 等值线

上部，新建坝和原堰塞体的界面大体就是最大位移增量处，因此概化模型 I-U-1 中当反演材料为堰塞体、监测量为施工期顺河向水平位移（Con-U2）和竖向位移（Con-U3）时各监测位置的平均"参数-测点优选度"指标场分布（平均 F）和位移增量分布接近。

　　将各情况的最佳测点和相对位移最大点汇总于表 4-4。可以看出，蓄水期位移增量最大点的优选度均处于较高水平，在反演时可把最大位移点作为反演测点；而施工期位移增量最大点的优选度不理想，不宜将其为反演测点。

表 4-4　概化模型 II-U-16700 最佳测点和最大位移点汇总

监测量	反演材料	最佳测点			最大位移点		
		坐标	位移量/m	优选度	坐标	位移量/m	优选度
Con-U1	堰塞体	（−8.9，42.0）	0.070	0.202	（27.2，10.5）	0.160	0.143
	新建坝	（66.9，42.0）	0.044	0.229	（27.2，10.5）	0.160	0.135
Con-U2	堰塞体	（1402.8，63.0）（1477.2，63.0）	0.010	0.056	（1383.9，21.0）（1496.1，21.0）	0.021	0.023
	新建坝	（1392.3，42.0）（1487.7，42.0）	0.169	0.313	（1371.3，31.5）（1508.7，31.5）	0.180	0.285

监测量	反演材料	最佳测点			最大位移点		
		坐标	位移量/m	优选度	坐标	位移量/m	优选度
Con-U3	堰塞体	(3.2, 52.5)	0.420	0.061	(38.6, 42.0)	0.593	0.035
	新建坝	(59.2, 52.5)	0.521	0.220	(38.6, 42.0)	0.593	0.175
Water-U2	堰塞体	(1440.0, 31.5)	0.109	0.057	(1440.0, 21.0)	0.115	0.055
	新建坝	(1440.0, 42.0)	0.106	0.079	(1440.0, 31.5)	0.112	0.070
Water-U3	堰塞体	(1402.8, 42.0)	0.021	0.084	(1396.9, 84.0)	0.025	0.075
	新建坝	(1392.3, 52.5)	0.040	0.148	(1402.8, 63.0)	0.042	0.135

注：除"Con-U1"和"Con-U3"对应的坐标为(x, z)外，其余监测量对应的坐标为(y, z)，当反演材料为堰塞体时，最佳测点和最大位移点的分析剖面为堰塞体横剖面（$x = -36.0$），当反演材料为新建坝时，最佳测点和最大位移点的分析剖面为新建坝横剖面（$x = 48.0$）。

　　当反演材料为新建坝、监测量为各时期相对位移时，各监测位置的平均"参数-测点优选度"指标场的分布（平均F）如图 4-21 所示。可以看出，除施工期坝轴向水平位移外，其余监测量平均"参数-测点优选度"分布和位移增量分布规律均接近。这主要是由于在堰塞坝施工期，新建坝分层施工是以外载的形式影响旁侧的堰塞体，在新建坝自重不变的情况下，新建坝材料参数的改变主要影响了新建坝区域的位移增量，连带对新建坝和堰塞体接触区域的位移增量产生了一定影响，因此对新建坝中部区域的位移增量的影响相对较大，而对堰塞体区域的连带影响不明显。从表 4-4 可以看出，除施工期水平位移外，最大位移点的优选度均处于较高水平，在反演时可考虑把最大位移点作为反演测点。

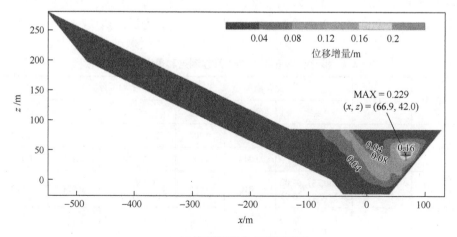

(a) 施工期坝轴向水平位移增量

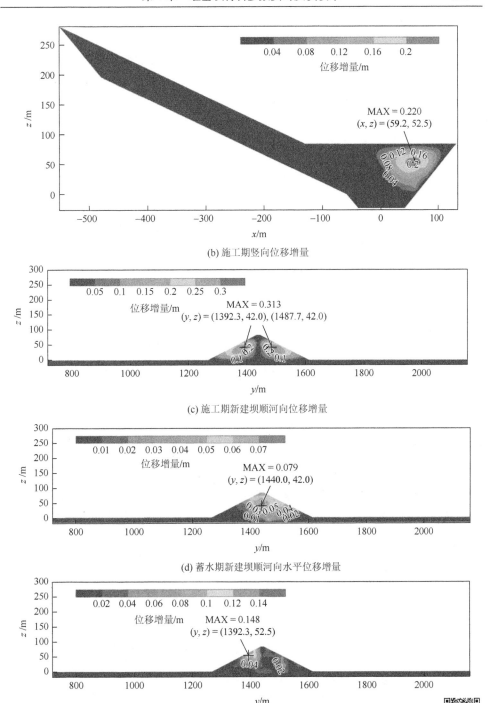

(b) 施工期竖向位移增量

(c) 施工期新建坝顺河向位移增量

(d) 蓄水期新建坝顺河向水平位移增量

(e) 蓄水期新建坝竖向位移增量

图 4-21　概化模型 II -U-1 反演新建坝时各测点平均"参数-测点优选度"指标 F 等值线

4.3　堰塞坝材料参数反演中的相关策略

4.3.1　多材料"解耦"反演策略

确定待反演参数时，采用联合反演方法，可一次性反演所有参数，但计算工作量较大。为了减少计算工作量，可采用"解耦"反演方法。具体策略是：先假设新建坝参数取反演范围的均值（即暂时忽略新建坝参数对测值的影响），利用施工期位移增量反演堰塞体参数，待完成堰塞体参数反演后再反演新建坝参数。为提高"解耦"反演计算的精度，在保证按上述方法计算"参数-测点优选度"的同时，需将新建坝参数对测值的影响降到最低，因而还需对测点位置作进一步优选。

下面以概化模型 I -U-1 为例进行分析。由于反演材料为堰塞体时，除"Con-U1"外，施工期位移增量最大点和最佳测点的优选度差别不大，可将反演测点布置于位移最大点附近；而当反演材料为新建坝时，施工期最大位移点的优选度处于较低水平，表明新建坝参数的改变对位移最大点处的位移影响不大。因而在施工期"解耦"反演堰塞体参数时，反演测点可初步选定在施工期相对位移最大点附近。

为更直观地找出在施工期针对堰塞体的优选度高，但针对新建坝的优选度低的所有测点区域，可将堰塞体材料和新建坝材料施工期监测量的平均"参数-测点优选度"等值线归一化后作差（归一化可表征当前各测点优选度相对于最佳优选度的水平），取最大点作为"解耦"反演堰塞体参数的最佳测点位置（图 4-22）。

表 4-5 优选出了施工期的反演测点 $M_1 \sim M_6$（测点布置方案一），各测点针对堰塞体参数的优选度均处于较高水平，而针对新建坝的优选度均处于较低水平，参数反演值不易受到测值误差和新建坝参数的影响，符合"解耦"反演要求。另外，为进行对比验证，表 4-5 也筛选了不适宜作为"解耦"反演堰塞体参数的测

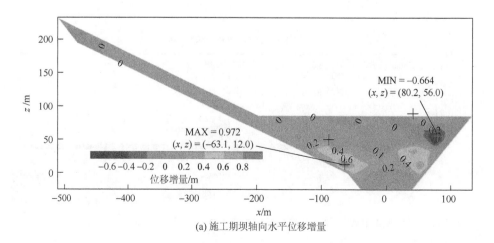

(a) 施工期坝轴向水平位移增量

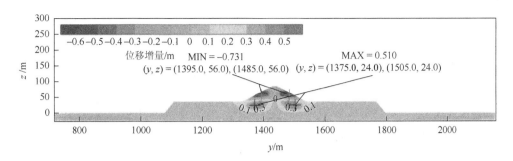

(b) 施工期顺河向位移增量

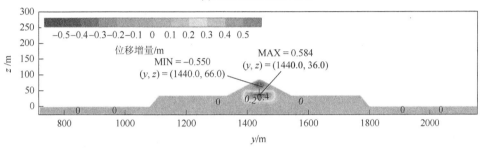

(c) 施工期竖向位移增量

图 4-22　概化模型 I-U-1 "解耦" 反演堰塞体参数时的最优测点位置

扫码查看彩图

点位置 $B_1 \sim B_6$（测点布置方案二），即各测点针对堰塞体参数的优选度均处于较低水平，而针对新建坝的优选度均处于较高水平，参数反演值容易受到测值误差和新建坝参数的双重影响。

表 4-5　概化模型 I-U-1 "解耦" 反演堰塞体参数测点信息汇总

方案	测点	监测量	坐标			平均参数位移量/m	堰塞体参数优选度	新建坝参数优选度
			x	y	z			
方案一	M_1	Con-U1	−63.1	1440.0	12.0	0.047	0.238	0.011
	M_2	Con-U1	52.6	1440.0	12.0	0.042	0.228	0.058
	M_3	Con-U2	0.0	1375.0	24.0	0.161	0.423	0.055
	M_4	Con-U2	0.0	1395.0	24.0	0.155	0.432	0.060
	M_5	Con-U3	0.0	1440.0	36.0	0.785	0.190	0.014
	M_6	Con-U3	−27.1	1440.0	36.0	0.760	0.193	0.014
方案二	B_1	Con-U1	80.2	1440.0	56.0	0.016	0.018	0.286
	B_2	Con-U1	66.9	1440.0	56.0	0.021	0.068	0.291
	B_3	Con-U2	0.0	1395.0	56.0	0.090	0.170	0.201
	B_4	Con-U2	0.0	1415.0	56.0	0.083	0.168	0.187
	B_5	Con-U3	0.0	1440.0	66.0	0.419	0.108	0.061
	B_6	Con-U3	0.0	1440.0	56.0	0.633	0.192	0.059

当进行新建坝参数反演时，堰塞体参数可取为已得到的反演值，从而也仅需要反演 4 个参数。为降低堰塞体参数反演值误差的影响，此时测点位置可尽量选为针对新建坝的优选度高，但对堰塞体的优选度低的测点。可采用施工期位移以及蓄水期位移对新建坝参数进行反演。相对于蓄水期而言，施工期的堰塞体和新建坝的最佳测点位置区别更为明显，这里参考图 4-22 中的较小点（绝对值较大的负值点）作为反演新建坝参数的最佳测点位置，表 4-6 为优选出的部分符合条件的测点。

表 4-6　概化模型 I -U-1 "解耦" 反演新建坝参数测点信息汇总

测点	监测量	坐标			平均参数位移量/m	堰塞体参数优选度	新建坝参数优选度
		x	y	z			
N_1	Con-U1	80.2	1439.8	56.0	0.016	0.018	0.286
N_2	Con-U1	66.9	1439.8	56.0	0.021	0.068	0.291
N_3	Con-U2	0.0	1415.0	66.0	0.033	0.039	0.110
N_4	Con-U2	0.0	1395.0	66.0	0.030	0.058	0.137

取堰塞体参数 φ_0、K_b、R_f、K 的反演范围分别为 $[-40.8, 61.2]$, $[256, 384]$, $[0.576, 0.864]$, $[576, 864]$（反演过程始终将残余滑坡体参数和堰塞体参数取为相同值），新建坝参数 φ_0、K_b、R_f、K 的反演范围分别为 $[-24, 36]$, $[360, 540]$, $[0.64, 0.96]$, $[520\ 780]$，其余参数均取为 2.4.1 节的计算值。假设堰塞体参数 φ_0、K_b、R_f、K 的真值分别为 51、320、0.72、720，新建坝参数 φ_0、K_b、R_f、K 的真值分别为 28、500、0.7、720。其中，将新建坝参数真值偏离反演范围中值，是因为施工期 "解耦" 反演堰塞体参数时，假设了新建坝参数取为反演范围中值，此时若中值恰好为真值，则无法评价 "解耦" 操作对堰塞体参数反演值的影响。

施工期 "解耦" 反演堰塞体参数时，采用智能逆反分析法建立 6 输入 4 输出的双层 BP 神经网络（两个隐含层神经元个数均取为 20）。在堰塞体参数范围内构造 1000 组随机参数组合（此时新建坝参数固定为范围中值，变化的仅为 4 个堰塞体参数值），分别代入有限元计算后获取计算样本，随机取其中的 800 组设置为训练样本，另外 200 组为测试样本。将样本作归一化处理后代入模型训练、测试，优化目标函数设置为最小二乘函数，激活函数为 sigmoid 函数，模型内置参数优化算法采用 Adam 算法，学习率为 0.01，小批量数据大小为 40，优化迭代 3000 次。待训练、测试网络完毕后保存模型，在参数反演时重新导入模型进行预测。

采用两套测点布置方案（$M_1 \sim M_6$ 和 $B_1 \sim B_6$）训练、测试两套神经网络模型，每套神经网络模型包含 10 个神经网络（训练样本和测试样本随机选取 10 次，每次均可得到 1 个网络，由 10 个神经网络的平均反演值作为最终的反演值），第一套神经网络的训练误差和测试误差（归一化后的计算样本）约为 0.017 和 0.024，第二套约为 0.012 和 0.013，神经网络的训练误差和泛化误差较小。

利用两套模型对比两套布置方案在以下三种情况下的优劣：①新建坝参数真值为反演范围中值，测值无误差；②新建坝参数真值为现有真值，测值无误差；③新建坝参数真值为反演范围中值，测值有误差。其中，情况一假设（强制）不考虑新建坝参数的影响，以此对比两套神经网络模型在理想情况下的精度。情况二符合当前的反演情境，但是没有考虑测值的误差，以此对比两套布置方案参数反演值受新建坝参数的影响程度。情况三假设（强制）不考虑新建坝参数的影响，对比两套布置方案参数反演值受测值误差的影响程度。对于情况一，位移目标测值取堰塞体参数 φ_0、K_b、R_f、K 为 51、320、0.72、720，新建坝参数 φ_0、K_b、R_f、K 为 30、450、0.8、650 的有限元计算位移；对于情况二，位移目标测值取堰塞体参数 φ_0、K_b、R_f、K 为 51、320、0.72、720，新建坝参数 φ_0、K_b、R_f、K 为 28、500、0.7、720 的有限元计算位移；对于情况三，位移目标测值为情况一的测值，并在此基础上对测值进行扰动，基于各向的最大变形量不同，对于坝轴向、顺河向和竖直位移分别给予 2mm、3mm 和 5mm 的扰动。将三种情况的位移测值分别代入两套神经网络模型计算，10 次反演结果如表 4-7 所示。

表 4-7　概化模型 I-U-1 两种测点布置方案施工期"解耦"反演结果对比

堰塞体参数			φ_0	K_b	R_f	K
真实值			51.0	320.0	0.720	720.0
情况二	方案一	平均反演结果	51.0	320.4	0.748	720.2
		平均反演误差/%	−0.07	0.11	3.88	0.02
		反演结果范围	49.6～52.4	315.7～325.3	0.721～0.769	701.8～739.1
	方案二	平均反演结果	51.6	319.6	0.752	725.1
		平均反演误差/%	1.09	−0.12	4.46	0.71
		反演结果范围	50.9～52.7	315.0～326.0	0.727～0.796	691.5～757.0
情况二	方案一	平均反演结果	50.5	317.3	0.695	733.0
		平均反演误差/%	−0.99	−0.85	−3.50	1.81
		反演结果范围	49.4～51.8	313.8～323.3	0.668～0.721	721.6～747.0

堰塞体参数			φ_0	K_b	R_f	K
真实值			51.0	320.0	0.720	720.0
情况二	方案二	平均反演结果	61.0	260.6	0.732	577.2
		平均反演误差/%	19.59	−18.57	1.61	−19.83
		反演结果范围	59.9~61.1	256.2~274.6	0.576~0.863	576.5~582.2
情况三	方案一	平均反演结果	50.3	317.8	0.692	712.6
		平均反演误差/%	−1.31	−0.69	−3.86	−1.03
		反演结果范围	48.7~51.6	312.5~324.8	0.652~0.712	696.7~724.1
	方案二	平均反演结果	55.9	363.5	0.858	861.9
		平均反演误差/%	9.64	13.60	19.15	19.71
		反演结果范围	53.3~59.1	302.8~383.0	0.844~0.863	852.1~863.8

从表 4-7 可以看出：对于情况一，两套神经网络的反演值均接近真实值，表明两套神经网络的计算精度均较高（通过优化网络参数、结构，增大计算样本等措施还可进一步提高模拟精度），方案一的反演误差略小于方案二，而方案一对于堰塞体参数的测点优选度要略高于方案二，表明利用优选度较大的测点来进行反演可以获得相对较好的反演结果。对于情况二，方案一的反演精度较高，且较情况一的反演误差变化不大，而方案二的反演值出现了极大的误差，表明利用方案一的测点位置得到的反演值受到新建坝参数的影响不大，可进行"解耦"反演堰塞体参数，而方案二的反演值对新建坝参数较为敏感，不适合作为"解耦"反演的测点。对于情况三，当各监测量出现绝对误差时，方案一出现了较小的误差，各参数相对误差的绝对量分别为 1.31%、0.69%、3.86%和 1.03%，均为可接受的程度，而方案二的误差仍然较大。由此可见，基于测点优选度较高的测点得到的反演值抵御绝对误差的能力更强。

在反演新建坝参数时，根据表 4-6 中的测点布置方案（N_1~N_4），采用智能逆反分析法建立一套 4 输入 4 输出的双层 BP 神经网络（两个隐含层神经元个数均取为 20），每套神经网络模型包含 10 个神经网络。采用和堰塞体参数反演时相同的方法训练、测试网络，待训练、测试网络完毕后保存模型，在参数反演时重新导入模型进行预测。本次计算中训练误差和测试误差（归一化后的计算样本）约为 0.007 和 0.008，表明神经网络的训练误差和泛化误差较小。

位移目标测值取堰塞体参数 φ_0、K_b、R_f、K 为 51、320、0.72、720，新建坝参数 φ_0、K_b、R_f、K 为 28、500、0.7、720 的有限元计算位移，10 次反演结

果如表 4-8 所示。可以看出，各参数反演值和真实值的误差较小，反演结果符合预期，表明所采用的"解耦"反演方法是可行的。

表 4-8　概化模型Ⅰ-U-1 新建坝参数"解耦"反演结果

参数	φ_0	K_b	R_f	K
真实值	28.0	500.0	0.700	720.0
平均反演结果	27.0	496.4	0.678	730.4
平均反演误差/%	−3.56	−0.71	−3.13	1.44
反演结果范围	26.7～27.2	488.8～507.6	0.670～0.686	710.7～740.1

4.3.2　"动态"实时反演策略

前述堰塞坝材料参数反演分析是针对施工期或蓄水期完成时刻的，若要在施工期或蓄水期中某一时刻对材料参数进行"动态"实时反演，则需要将该"动态"实时反演问题分为若干个"静态"实时反演子问题（图 4-23）：即先建立可随施工和蓄水过程实时更新的数值仿真模型，由不同工况的数值模拟结果作为样本训练神经网络，最后用智能逆反分析法按时序分期反演。对于不同的施工或蓄水运行工况，可重复按照前述的反演策略进行。

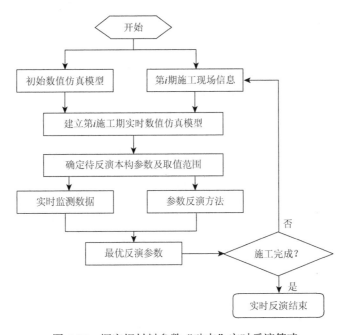

图 4-23　堰塞坝材料参数"动态"实时反演策略

参 考 文 献

迟世春，朱叶. 2016. 面板堆石坝瞬时变形和流变变形参数的联合反演. 水利学报，47（1）：18-27.

黄伟，刘华. 2016. 基于粒子群优化-高斯过程回归的智能岩土体参数快速反演方法. 土工基础，30（2）：196-200.

姜同川. 1985. 正交试验设计. 济南：山东科学技术出版社.

刘曙光，郑崇勋，刘明远. 1996. 前馈神经网络中的反向传播算法及其改进：进展与展望. 计算机科学，（1）：76-79.

吕爱钟，焦春茂. 2004. 岩石力学中两个基本问题的探讨. 岩石力学与工程学报，（23）：4095-4098.

马刚，常晓林，周伟，等. 2012. 高堆石坝瞬变-流变参数三维全过程联合反演方法及变形预测. 岩土力学，33（6）：1889-1895.

佘远国，沈成武. 2010. 隧洞工程弹性参数反演的可辨识性及量测优化布置探讨. 岩土力学，31（11）：3604-3612.

宋志宇. 2007. 基于智能计算的大坝安全监测方法研究. 大连：大连理工大学.

汪旭，康飞，李俊杰. 2014. 土石坝地震永久变形参数反演方法研究. 岩土力学，35（1）：279-286.

向天兵. 2010. 大型地下厂房洞室群施工期动态反馈优化设计方法研究. 武汉：中国科学院研究生院（武汉岩土力学研究所）.

张丙印，袁会娜，李全明. 2005. 基于神经网络和演化算法的土石坝位移反演分析. 岩土力学，（4）：547-552.

张研，苏国韶，燕柳斌. 2013. 隧洞围岩损失位移估计的智能优化反分析. 岩土力学，34（5）：1383-1390.

Cukier R I，Fortuin C M，Shuler K E，et al. 1973. Study of the sensitivity of coupled reaction systems to uncertainties in rate coefficients. I Theory. The Journal of Chemical Physics，59（8）：3873-3878.

Ding S F，Su C Y，Yu J Z. 2011. An optimizing BP neural network algorithm based on genetic algorithm. Artificial Intelligence Review，36（2）：153-162.

Haftka R T，Scott E P，Cruz J R. 1998. Optimization and experiments：A survey. Applied Mechanics Reviews，51（7）：435-448.

Hamby D M. 1994. A review of techniques for parameter sensitivity analysis of environmental models. Environmental Monitoring and Assessment，32（2）：135-154.

Moody J，Darken C. 1988. Speedy alternatives to back propagation. Neural Networks，1（s1）：202.

Morris M D. 1991. Factorial sampling plans for preliminary computational experiments. Technometrics，33（2）：161-174.

Qi C C，Fourie A. 2018. A real-time back-analysis technique to infer rheological parameters from field monitoring. Rock Mechanics and Rock Engineering，51（10）：3029-3043.

Rumelhart D E，Hinton G E，Williams R J. 1986. Learning representations by back-propagating errors. Nature，323（6088）：533-536.

Sobol I M. 1993. Sensitivity estimates for nonlinear mathematical models. Mathematical Modelling and Computational Experiments，1（4）：407-414.

Zhou W，Li S L，Ma G，et al. 2016. Parameters inversion of high central core rockfill dams based on a novel genetic algorithm. Science China Technological Sciences，59（5）：783-794.

第5章 堰塞坝空间变异力学参数随机反演方法

空间变异性是堰塞体材料的重要特性之一，对堰塞坝受力变形特征有重要影响，也是通过反演确定材料参数时需要解决的难题。受限于问题的复杂性，本书主要关注堰塞坝空间变异力学参数的反演方法。其中，主要研究基于 K-L（Karhunen-Loève）级数展开法对堰塞体材料空间变异力学参数随机场进行模拟的方法，分析了不同力学参数考虑空间变异性对堰塞坝位移场的影响规律。在此基础上，找出了参数随机化对位移场影响较大的参数和堰塞体材料分区，以及受参数随机化影响最大的测点位置。利用基于贝叶斯随机反演框架的 DREAM-MCMC 算法分别实现了基于参数试验值和基于位移监测值的堰塞坝空间变异力学参数随机反演。

5.1 参数空间变异性及模拟

堰塞体材料是由岸坡基岩发生不规则的破碎和迁移而形成的，不均匀性显著，不同部位的物理力学参数具有明显的空间变异性。为考虑堰塞体性质空间变异性对堰塞坝力学行为的影响，首先需要利用随机场理论对参数变异性进行模拟，并将其用于堰塞坝的力学计算分析中。常用的随机场实现方式主要有中点法（蒋水华等，2014）、K-L 级数展开法（Phoon et al.，2002；史良胜等，2007；李典庆等，2013）、局部平均法（Fenton and Griffiths，2005）、谱分解法（Ghanem and Spanos，1991）、傅里叶变换法（Robin et al.，1993；Jha and Ching，2012）等。其中，基于乔列斯基展开的中点法和 K-L 级数展开法是近年来最常用的方法，具有计算精度高、效率高的优势，且易于编程。

由于 K-L 级数展开法产生的随机场是用连续函数表示的，和有限元网格不耦合，可计算空间任意一点的参数值，且该方法所采用的随机变量数目较中点法更少，因而在随机反演时所需的待反演变量也更少。因此，这里选用 K-L 级数展开法对堰塞体材料的空间变异性进行模拟。

5.1.1 K-L 级数展开法

在有限元分析中，将随机场用有限个随机变量表示，称为随机场的离散。假设堰塞体参数服从对数正态分布，各参数在研究区域内为一平稳随机场（即随机场在某一均值附近上下波动，在该区域内均值和方差均不改变，协方差函数仅与两点间的距离有关，距离越近的两点，参数的空间自相关性也越强），且不同物理力学参数之间无互相关性。利用 K-L 级数展开法可将参数 X_i 的随机场 $\boldsymbol{H}_{X_i}(\boldsymbol{x},\theta)$（$x$ 为计算区域空间坐标，θ 为外部空间坐标）离散为

$$\boldsymbol{H}_{X_i}(\boldsymbol{x},\theta) = \mu_{\ln X_i} + \sum_{j=1}^{\infty} \sigma_{\ln X_i} \sqrt{\lambda_j} f_j(\boldsymbol{x}) \xi_{X_i,j}(\theta), \quad \boldsymbol{x} \in \boldsymbol{\Omega} \tag{5-1}$$

式中，$\boldsymbol{H}_{X_i}(\boldsymbol{x},\theta)$ 为参数 X_i 的随机场；x 为计算区域空间坐标；θ 为外部空间坐标；$\boldsymbol{x} \in \boldsymbol{\Omega} \subseteq R^n$；$\xi_{X_i,j}(\theta)$ 为参数 X_i 随机场离散的独立标准正态随机变量；λ_j 和 $f_j(\boldsymbol{x})$ 分别为空间自相关函数 $\rho(\boldsymbol{x}_1,\boldsymbol{x}_2)$ 的特征值和特征函数（x_1 和 x_2 为计算区域任意两点坐标），通过计算第二类 Fredholm 积分方程获得；$\mu_{\ln X_i}$ 和 $\sigma_{\ln X_i}$ 分别为高斯参数随机场 $\ln X_i$ 的均值和标准差，这两个参数和高斯参数随机场 X_i 的均值 μ_{X_i} 和标准差 σ_{X_i} 的转换关系为

$$\begin{cases} \mu_{\ln X_i} = \ln \mu_{X_i} - \sigma_{\ln X_i}^2 / 2 \\ \sigma_{\ln X_i} = \sqrt{\ln\left[1 + (\sigma_{X_i}/\mu_{X_i})^2\right]} \end{cases} \tag{5-2}$$

在实际应用中，通常根据所需要的精度来截取式（5-1）的展开项的前 n 项。一般情况下，为兼顾计算精度和效率，展开项数通常需要满足随机场期望能的比率因子 $\varepsilon \geqslant 95\%$。由此，最小截断项数 n 可由式（5-3）计算：

$$\varepsilon = \frac{\sum\limits_{i=1}^{n} \lambda_i}{\sum\limits_{i=1}^{\infty} \lambda_i} \geqslant 0.95 \tag{5-3}$$

利用 K-L 级数展开法求解随机场的一个重要步骤是确定空间自相关函数的特征值和特征函数。

岩土工程中常用的理论自相关函数主要有高斯型、三角型、指数型、指数余弦型等。鉴于由高斯型相关函数模拟的随机场具有连续平滑的优点，且 K-L 级数展开法不会像乔列斯基中点法那样出现因相关矩阵不正定而无法分解的情况，本章选择该相关函数生成随机场。以二维情况为例，其计算公式为

$$\rho(\boldsymbol{x}_1,\boldsymbol{x}_2) = \exp\left[-\pi\left(\frac{(x_1-x_2)^2}{\delta_x^2} + \frac{(y_1-y_2)^2}{\delta_y^2}\right)\right] \tag{5-4}$$

式中，δ_x 和 δ_y 分别表示 x 方向和 y 方向的波动范围（波动范围 δ_x 和 δ_y 为相关距离

l_x 和 l_y 的 $\pi^{0.5}$ 倍）。对于一般的沉积土层而言，竖直方向的波动范围往往远小于水平方向的波动范围，两者一般相差一个数量级。

对于一维情况，空间自相关函数 $\rho(x_1, x_2)$ 的特征值 λ_j 和特征函数 f_j 需要求解如式（5-5）所示的第二类 Fredholm 积分方程获得。

$$\int_\Omega \rho(x_1, x_2) f_i(x_2) \mathrm{d}x_2 = \lambda_i f_i(x_1) \tag{5-5}$$

求解时采用基于 wavelet-Galerkin 方法的数值解法。首先引入 Haar 小波正交基函数，其母小波函数为

$$\psi(x) = \begin{cases} 1 & x \in [0, 1/2) \\ -1 & x \in [1/2, 1) \\ 0 & 其他 \end{cases} \tag{5-6}$$

由该母函数可生成一系列 Haar 正交小波族：$\psi_i(x) = \psi_{j,k}(x) = \psi(2^j x - k)$，其中，$i = 2^j + k (j = 0, 1, 2, \cdots, m-1; \ k = 0, 1, 2, \cdots, 2^j - 1)$。任意定义域为[0, 1]的函数均可用 Haar 正交小波展开逼近，当函数定义域不是该区域时，可对其进行归一化处理。

将特征值 λ_j 和自相关函数 $\rho(x_1, x_2)$ 分别用 Haar 正交小波基表示：

$$f_k(x) = \sum_{i=0}^{N_k - 1} d_i^{(k)} \psi_i(x) = \boldsymbol{\Psi}^\mathrm{T}(x) \boldsymbol{D}^{(k)} \tag{5-7}$$

$$\rho(x_1, x_2) = \sum_{i=0}^{N_k - 1} \sum_{j=0}^{N_k - 1} \overline{A}_{ij} \psi_i(x_1) \psi_j(x_2) = \boldsymbol{\Psi}^\mathrm{T}(x_1) \overline{\boldsymbol{A}} \boldsymbol{\Psi}(x_2) \tag{5-8}$$

$$\overline{A}_{ij} = \frac{1}{h_i h_j} \int_0^1 \int_0^1 \rho(x_1, x_2) \psi_i(x_2) \psi_j(x_1) \mathrm{d}x_1 \mathrm{d}x_2 \tag{5-9}$$

$$h_i = \int_0^1 \psi_i(x) \psi_i(x) \mathrm{d}x \tag{5-10}$$

式中，Haar 正交小波基展开截断项 $N_k = 2^m$，m 为小波水平数；$\psi_i(x)$ 为小波基函数；$d_i^{(k)}$ 为小波系数；$\overline{\boldsymbol{A}}$ 为小波转换矩阵（$N_k \times N_k$），矩阵各元素可通过数值积分方法计算。

将式（5-7）～式（5-10）代入式（5-5），可将积分方程的特征值问题转化为一个有限维度的特征值问题：

$$\lambda_k \boldsymbol{\Psi}^\mathrm{T}(x) \boldsymbol{D}^{(k)} = \boldsymbol{\Psi}^\mathrm{T}(x) \overline{\boldsymbol{A}} \boldsymbol{H} \boldsymbol{D}^{(k)} \tag{5-11}$$

式中，$\boldsymbol{H}$ 为对角线元素为 h_i（$i = 0, 1, 2, \cdots, N_k - 1$）的对角矩阵。

令 $\widehat{\boldsymbol{D}}^{(k)} = \boldsymbol{H}^{1/2} \boldsymbol{D}^{(k)}$，$\widehat{\boldsymbol{A}} = \boldsymbol{H}^{1/2} \overline{\boldsymbol{A}} \boldsymbol{H}^{1/2}$，式（5.11）可进一步改写为

$$\lambda_k \widehat{\boldsymbol{D}}^{(k)} = \widehat{\boldsymbol{A}} \widehat{\boldsymbol{D}}^{(k)} \tag{5-12}$$

式（5-12）为矩阵求特征解的一般性问题，可通过求解器快速求解出矩阵 $\widehat{\boldsymbol{A}}$ 的

特征值 λ_k（也即第二类 Fredholm 积分方程的特征值）和特征向量 $\widehat{\boldsymbol{D}}^{(k)}$，由式（5-7）可进一步算得 $f_k(x)$，即

$$f_k(x) = \boldsymbol{\Psi}^{\mathrm{T}}(x)\boldsymbol{D}^{(k)} = \boldsymbol{\Psi}^{\mathrm{T}}(x)\boldsymbol{H}^{-1/2}\widehat{\boldsymbol{D}}^{(k)} \tag{5-13}$$

对于二维情况，第二类 Fredholm 积分方程为

$$\int_{\Omega} \rho[(x_1,y_1),(x_2,y_2)]f_i(x_2,y_2)\mathrm{d}x_2\mathrm{d}y_2 = \lambda_i f_i(x_1,y_1) \tag{5-14}$$

需要注意的是，对于可分离的二维以及更高维的自相关函数特征值和特征函数的解答，可以简化为一维自相关函数特征值和特征函数的乘积。本节使用的高斯型自相关函数也是可分离的，因而也可使用该简化方法计算。

5.1.2　随机场模拟效果验证

按前述于 wavelet-Galerkin 方法的 K-L 级数展开法，编制了程序，进行一维随机场模拟，并计算随机场各点的均值、方差和波动范围，以验证由此方法生成的随机场模拟效果。

设参数服从标准正态分布（$\mu_x = 0$，$\sigma_x = 1$），波动范围 δ 参考吴振君（2009）的定义，令 $\delta = 0.02$，网格单元（或取样间距）$\Delta x = 0.002$，Haar 小波水平 $m = 8$，在 $x \in [0,1]$ 范围内生成一维随机场，结果如图 5-1（a）所示。随机场的均值和方差分别为 0.028 和 0.953，和预定义的均值和方差接近，未引起明显的方差折减（当 $\Delta x/\delta$ 的取值越大，方差折减越明显），可见模拟效果良好。最后，采用递推平均法验证随机场波动范围，参考谭晓慧等（2004）提出的方法计算空间均方差，由此可绘制 $x\Gamma^2(x) \sim x$ 曲线 [图 5-1（b）]。理论上该曲线应为单调递增的，可取极限值作为波动范围，但实际可看到曲线的变化规律为先上升后下降，尾部的下降段是由于取样间距放大后计算数据偏少而偏离了理论曲线，因而可近似认为峰值点后的结果不可

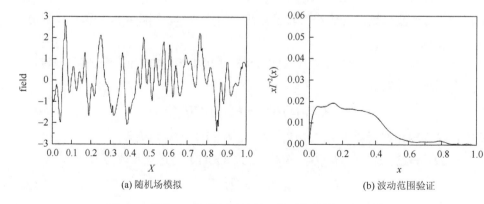

(a) 随机场模拟　　　　　　　　　　(b) 波动范围验证

图 5-1　基于 K-L 级数展开法的一维随机场模拟效果验证

信，取峰值点处的纵坐标作为相关距离。由此，通过曲线的最大值可判断该一维随机场的波动范围大致为 0.02，和预定义的波动范围接近。综上分析可见，生成的随机场模拟效果良好。

5.2　参数随机场对堰塞坝位移场的影响

为了分析参数随机场对堰塞坝位移场的影响，考虑节省计算量，这里采用概化模型 I-U-1 的二维算例进行正演分析。对模型中的堰塞体计算区域，假设参数水平波动范围 δ_x 为 70m，竖直波动范围 δ_y 为 10m，对堰塞体计算区域进行适当的加密（图 5-2），以满足随机场计算精度的要求。加密后的单元水平长度 h_x 为 10m，单元竖直高度 h_y 为 2m，单元各方向尺寸未超过随机场各方向波动范围的 0.25 倍。

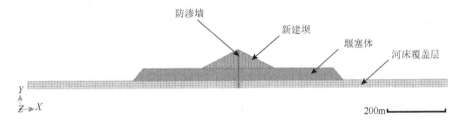

图 5-2　概化模型 I-U-1 的二维有限元网格

5.2.1　非均质堰塞坝参数随机场模拟

红石岩堰塞体的试验参数检测结果显示，堰塞体参数 φ_0、K_b、R_f、K 的大致变化范围分别为[47.6, 55.1]、[139.8, 829.8]、[0.69, 0.89]、[350.1, 1260.3]。可见，K_b 和 K 的变化范围较大，而 φ_0 和 R_f 的变化范围较小。假设 φ_0、K_b、R_f、K 均服从对数正态分布，分别以 51、320、0.7、720 为均值，变异系数分别取为 0.1、0.3、0.2、0.3。为防止参数 φ_0 和 R_f 偏离正常范围，限制其取值为[40, 60]、[0.5, 0.9]，对于超出范围的随机值取为距离其最近的边界值。

将参数 φ_0、K_b、R_f、K 在上述取值范围内分别生成 100 次随机场，统计随机场的特征并验证其合理性。其中，图 5-3 给出参数随机场的一次的典型模拟结果，可以看出，各参数随机场云图呈水平向条状分布，这主要是由于水平向波动范围大于竖向波动范围，因而水平向的参数值关联性更强。将 100 次模拟的参数均值和标准差进行统计汇总（表 5-1），可以看出，除参数 R_f 的随机场特征和预设值差别稍大外（这主要是由于人为限制其取值范围），其余参数的随机场特征非常接近预设，表明随机场模拟符合要求。

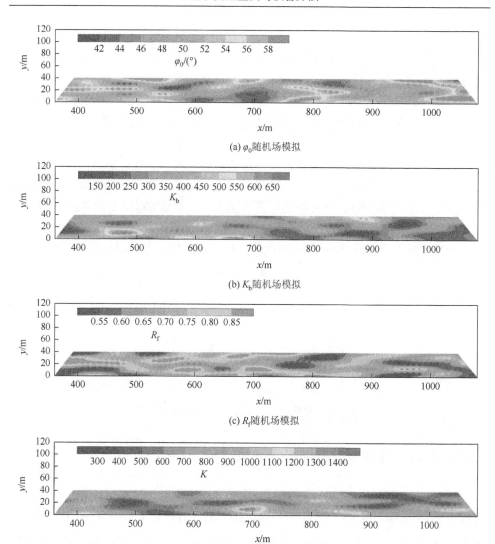

(a) φ_0 随机场模拟

(b) K_b 随机场模拟

(c) R_f 随机场模拟

(d) K 随机场模拟

图 5-3　概化模型 Ⅰ-U-1 参数随机场的一次典型模拟

表 5-1　概化模型 Ⅰ-U-1 参数随机场的均值和标准差统计

	统计量	$\ln \varphi_0$	$\ln K_b$	$\ln R_f$	$\ln K$
μ	预设值	3.9269	5.7252	−0.3763	6.5362
	平均模拟值	3.9248	5.7223	−0.3544	6.5369
σ	预设值	0.0998	0.2936	0.1980	0.2936
	平均模拟值	0.0939	0.2920	0.1702	0.2852

扫码查看彩图

5.2.2　单参数随机化对堰塞坝位移场的影响

为了研究单参数随机化过程对位移计算结果的影响（相较于不考虑参数空间变异性的堰塞坝），对比分析考虑和不考虑参数空间变异性的堰塞坝位移场的区别。采用 5.2.1 节生成的参数随机场，通过有限元正演计算得到堰塞坝各阶段的位移云图，将该位移云图和不考虑参数空间变异性的堰塞坝的位移云图作差，以参数 K 随机化对施工期顺河向水平位移（Con-U1）的影响为例，两次典型的位移差计算结果如图 5-4 所示，可以看出两者有明显的差异。

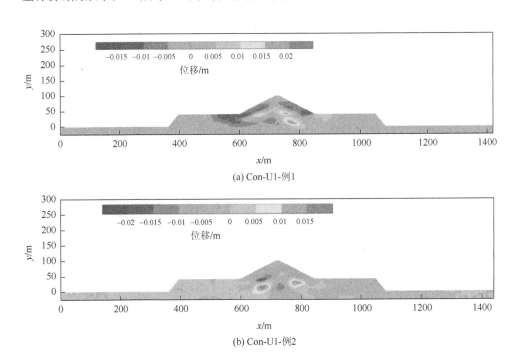

图 5-4　考虑和不考虑参数 K 随机化时位移场的差值

类似地，对比其他各参数随机化后的其他位移场和不考虑参数空间变异的堰塞坝位移场的差值，结果表明，单次参数随机化过程对位移计算结果的影响是随机的。统计各参数多次随机化过程中对位移场的平均影响，可以发现其影响是存在规律的。

表 5-2 列举各参数 100 次随机化的位移场统计结果。可以看出，除参数 K_b 外，针对各参数的位移平均偏差（100 次参数随机化位移场均值和不考虑参数空间变异的堰塞坝位移场的差值）的最大值都远小于不考虑参数空间变异的堰塞坝位移

值，表明参数随机化位移场均值和不考虑参数空间变异的堰塞坝位移场接近。参数 K_b 的位移场偏差稍大，是由于在此次计算中 K_b 的相关系数 Cov 取值较大，可能导致泊松比计算值 μ 超出邓肯-张 E-B 模型子程序中对其的限定范围 $[0.05, 0.49]$，从而对其进行修正，因而影响了位移分布特性。

表 5-2　概化模型 I -U-1 参数随机化时位移场的均值和标准差统计

位移场特征		位移增量/m			
		Con-U1	Con-U2	Water-U1	Water-U2
不考虑参数离散的堰塞坝最大相对位移		0.232	−1.058	0.277	−0.103
最大平均偏差	φ_0	0.008	0.007	0.004	0.002
	K_b	0.027	0.071	0.007	0.003
	R_f	0.004	0.003	0.002	0.002
	K	0.010	0.007	0.006	0.003
最大标准差	φ_0	0.024	0.028	0.006	0.005
	K_b	0.038	0.072	0.007	0.005
	R_f	0.015	0.016	0.003	0.003
	K	0.017	0.021	0.010	0.004
最大绝对偏差	φ_0	0.079	0.083	0.016	0.017
	K_b	0.150	0.357	0.029	0.012
	R_f	0.037	0.044	0.010	0.008
	K	0.071	0.072	0.038	0.013

注：Con-U1 表示监测量为施工期水平位移增量，Con-U2 表示监测量为施工期竖向位移增量，Water-U1 表示监测量为蓄水期水平位移增量，Water-U2 表示监测量为蓄水期竖向位移增量。

　　进一步地，将各参数多次随机化过程中各特征位移结果进行了统计，图 5-5 展示了各位移监测量最大点处参数 K 随机场的影响下和不考虑参数空间变异的堰塞坝位移差值的概率密度分布。图 5-5 中的实线为正态函数，其均值和标准差取为该点 100 次位移差值的均值和标准差。可以看出，考虑与不考虑参数空间变异时的位移差值近似呈现正态分布，考虑参数变异时的位移均值大体等同于不考虑参数空间变异的堰塞坝计算位移值。这一结果表明，将堰塞体等材料按均质体考虑，可视为一种未知现场信息（如参数试验值、位移监测值等）条件下的平均结果。

　　因随机化位移场均值和不考虑参数空间变异的堰塞坝位移场的差值很小，因而可认为随机化位移场的标准差也反映了和不考虑参数空间变异的堰塞坝位移场的平均绝对差异（绝对值）。由表 5-2 可知，参数 K_b 的位移场的综合平均绝对差异最大，φ_0 次之，再次是 K 和 R_f。同时，表 5-2 也统计了在 100 次参数随机化过程中各节点位移和不考虑参数空间变异情况的历史最大偏差，结果表明，参数 K_b

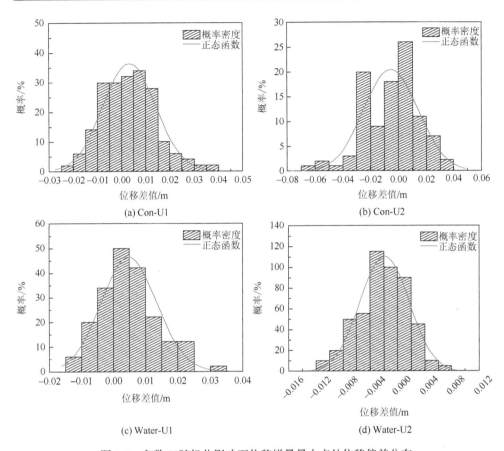

图 5-5　参数 K 随机化影响下位移增量最大点处位移偏差分布

的随机化过程在施工期对位移增量的影响程度最高，而在蓄水期，参数 K 的随机化过程影响程度则最高。当对参数进行随机反演时，可优先考虑参数变异性对相对位移的影响程度较高的参数。另外，相较于其他监测量，蓄水期水平位移受堰塞体参数随机化的影响程度最小（偏差相对于最大位移量较小），而施工期水平位移受堰塞体参数随机化的影响程度最大。

此外，还统计 100 次随机化位移场的相对偏差（位移最大标准差和最大位移增量的比值，最大位移增量取值参考表 5-2）和参数随机场变异系数、波动范围之间的关系，其结果分别如图 5-6 和图 5-7 所示。

统计计算图 5-6 的结果时，保持参数随机场的波动范围和均值不变（取值参考 5.2.1 节）。由图 5-6 可以看出，当参数随机场变异系数由 0 逐渐增大时，各监测量位移场的最大标准差随之线性增大（除蓄水期竖向位移监测量外）。这表明，堰塞体参数的变异性会直接影响位移场的变异性，其中，参数 φ_0 和 K_b 的影响较大，其次是 K 和 R_f。对于蓄水期竖向位移监测量，堰塞体参数的变异性在较小值时就会对位移场的变异性有一定影响，随着参数变异性的进一步增加，其影响变化幅度不大。从位移监测量来看，参数变异性对施工期水平位移的相对影响最大，对施工期竖向位移的绝对影响最大。

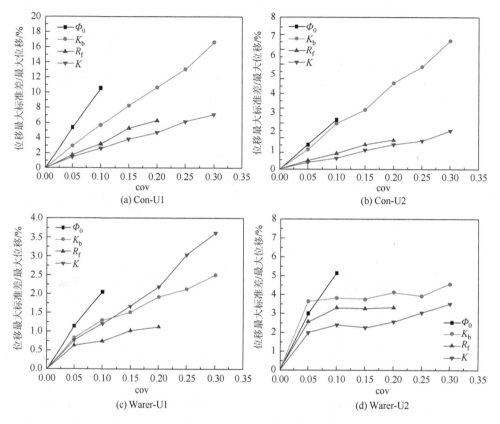

图 5-6　各监测量位移相对偏差和参数变异系数的关系

　　统计计算图 5-7 的结果时，只考虑了对位移影响最大的参数 K_b 的空间变异性，保持参数 K_b 随机场的变异系数和均值不变（取值参考 5.2.1 节）；其中，计算图 5-7（a）的结果时，保持竖直波动范围不变（$\delta_y = 10$m），计算图 5-7（b）的结果时，保持水平波动范围不变（$\delta_x = 70$m），另外为保证单元各方向尺寸未超过随机场各方向波动范围的 0.25 倍，使最小水平波动范围大于等于 40m，最小竖直波动范围大于等于 8m。从图 5-7 可以看出，参数波动范围的变化对蓄水期位移的变异性影响不大，但对施工期位移的变异性有一定影响（对施工期水平位移的相对影响最大，对施工期竖向位移的绝对影响最大），当波动范围增大时，最大标准差随之增大，且水平向和竖向波动范围的影响存在一定的叠加效应。

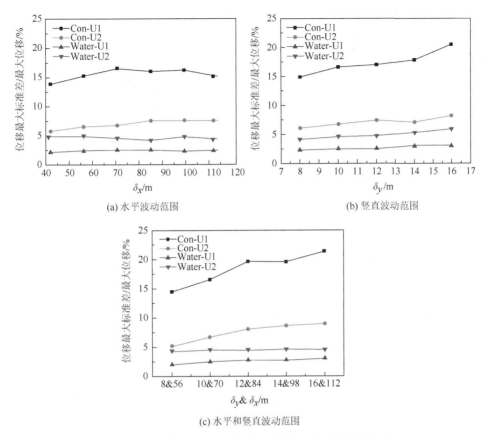

图 5-7　各监测量位移相对偏差和参数 K_b 波动范围的关系

5.2.3　堰塞坝位移测点及反演区域优选

为进一步确定受随机场作用最明显的区域，统计了各节点在各参数随机化过程中的位移增量的标准差和历史最大偏差（图 5-8 和图 5-9）。可以看出，各时期参数随机化的影响区域主要集中在最大位移点附近，影响区域的分布形态和位移增量云图接近，历史最大偏差和标准差的分布形态也十分接近，最大偏差的最大值是标准差最大值的 2.4～5.0 倍。受随机场作用较明显的区域也就是对 K-L 随机场的随机变量 ζ 敏感性较大的区域。因此，当反演目标函数中的参考量为相对位移时，就可以优先选用这些区域内的测点。

由参数随机化对位移增量影响的敏感区域可以看出，对于各类位移监测量，其影响敏感区域主要集中在新建坝及其下部堰塞体的一定范围内，对于上下游较远处的堰塞体部分影响并不大。考虑到堰塞体顺河向区域较大，但实际对位移有较大影响的堰塞体参数区域也是有限的，因而考虑可对堰塞体参数随机反演的区

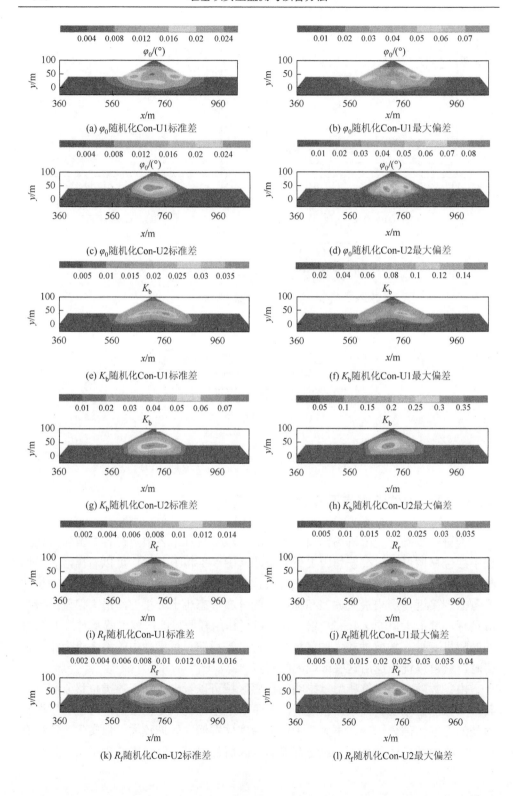

(a) φ_0随机化Con-U1标准差

(b) φ_0随机化Con-U1最大偏差

(c) φ_0随机化Con-U2标准差

(d) φ_0随机化Con-U2最大偏差

(e) K_b随机化Con-U1标准差

(f) K_b随机化Con-U1最大偏差

(g) K_b随机化Con-U2标准差

(h) K_b随机化Con-U2最大偏差

(i) R_f随机化Con-U1标准差

(j) R_f随机化Con-U1最大偏差

(k) R_f随机化Con-U2标准差

(l) R_f随机化Con-U2最大偏差

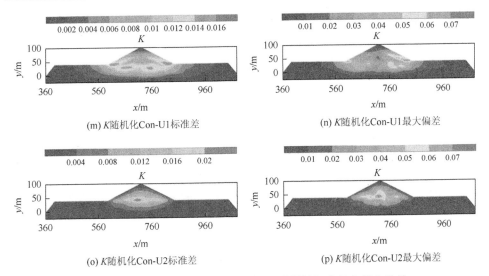

图 5-8　受参数随机化影响施工期位移增量的标准差和最大偏差

域进行优选，不考虑那些对位移影响较小的区域的参数随机性，以减少需要反演随机变量 ζ 的个数，提升反演计算效率。为此，在图 5-2 的基础上将堰塞体从上游至下游依次分为三个区域（DAM-U、DAM-M 和 DAM-D），其中，DAM-M 区域为新建坝区域向上下游扩展大于 30m 距离（图 5-10），其计算区域为 $\Omega = \{(x, y) : 564.7\mathrm{m} \leqslant x \leqslant 875.1\mathrm{m}; 0 \leqslant y \leqslant 40\mathrm{m}\}$，分析各区域的参数随机化后对相对位移的影响（相对于不考虑参数空间变异的堰塞坝）。

图 5-8 中，Con-U1 表示施工期顺河向水平位移增量，Con-U2 表示施工期竖向位移增量。由各位移增量的标准差和最大偏差分布，可知对随机场的随机变量敏感性较大的区域，推荐将位移反演测点位置布置在此区域。本案例中，各位移增量的标准差和最大偏差分布同位移增量分布接近，可将位移反演测点位置布置在最大位移增量处。

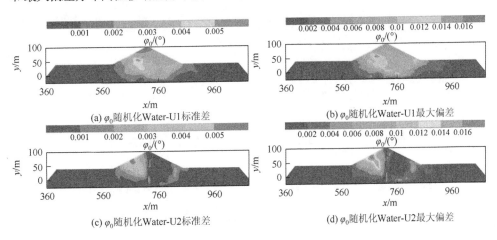

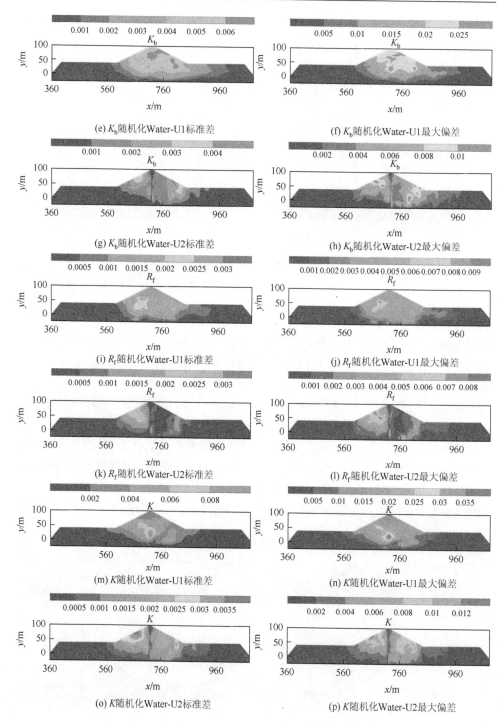

图 5-9　受参数随机化影响蓄水期位移增量的标准差和最大偏差

图 5-9 中，Water-U1 表示蓄水期顺河向水平位移增量，Water-U2 表示蓄水期竖向位移增量。由各位移增量的标准差和最大偏差分布，可知对随机场的随机变量敏感性较大的区域，推荐将位移反演测点位置布置在此区域。本案例中，各位移增量的标准差和最大偏差分布同位移增量分布接近，可将位移反演测点位置布置在最大位移增量处。

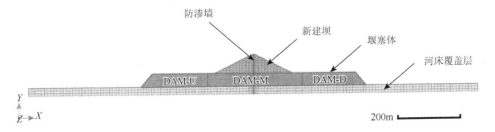

图 5-10　概化模型Ⅰ-U-1 的随机反演分区

以对位移影响较大的参数 K_b 为例，统计了三个区域该参数 20 次随机化的位移场结果，并和全区域（DAM-ALL）考虑参数随机化的结果进行对比，结果如表 5-3 所示。该结果表明，当监测量为施工期位移增量时，区域 DAM-M 的参数随机化影响起主导作用，区域 DAM-U 或 DAM-D 则几乎无影响；当监测量为蓄水期位移增量时，区域 DAM-M 的参数随机化影响处于较大水平，区域 DAM-U 或 DAM-D 的影响处于较低水平。因此，在随机反演时，可以重点考虑区域 DAM-M 的参数离散性，将 DAM-U 或 DAM-D 区域堰塞体视为均质材料。特别是当进行位移随机反演时，可优先选用施工期的位移增量，位移反演测点布置在位移增量最大的区域，此时的简化误差最小。计算区域经优选后，在保证随机场期望能的比率因子 $\varepsilon \geqslant 95\%$ 的基础上，待反演随机变量个数（也即 ζ 的维度）从原来的 139 缩减到 56。

表 5-3　概化模型Ⅰ-U-1 各区域参数 K_b 随机化时位移场特征值统计

位移场特征		相对位移监测量/m			
		Con-U1	Con-U2	Water-U1	Water-U2
不考虑参数离散的堰塞坝最大相对位移		0.232	−1.058	0.277	−0.103
最大标准差	DAM-ALL	0.0384	0.0716	0.0069	0.0047
	DAM-M	0.0438	0.0720	0.0085	0.0054
	DAM-U/D	0.0058	0.0027	0.0018	0.0010

5.3　堰塞坝空间变异力学参数随机反演

5.3.1　空间变异力学参数随机反演方法

1）贝叶斯更新

为了利用随机反演方法来反演堰塞坝具有空间变异性的材料参数，将模型中不确定的参数用随机变量 x 来表示（x 包含力学参数的先验信息，当采用 K-L 级数展开生成随机场时 $\boldsymbol{x} = \boldsymbol{\xi}$），现场信息 d 可用对空间变异力学参数的先验概率分布进行更新，最终可得融合了先验信息和现场信息的力学参数的后验概率分布 $P(\boldsymbol{x}|\boldsymbol{d})$。该过程可用贝叶斯公式表示：

$$P(\boldsymbol{x}|\boldsymbol{d}) = \frac{P(\boldsymbol{d}|\boldsymbol{x})P(\boldsymbol{x})}{\int_{-\infty}^{\infty} P(\boldsymbol{d}|\boldsymbol{x})P(\boldsymbol{x})\mathrm{d}\boldsymbol{x}} = cP(\boldsymbol{d}|\boldsymbol{x})P(\boldsymbol{x}) = cL(\boldsymbol{x}|\boldsymbol{d})P(\boldsymbol{x}) \qquad (5\text{-}15)$$

式中，$P(\boldsymbol{x}|\boldsymbol{d})$ 为随机变量 x 的后验概率分布函数（probability density function，PDF）；$P(\boldsymbol{x})$ 为随机变量 x 的先验概率分布；$P(\boldsymbol{d}|\boldsymbol{x})$ 为条件概率，也可写作似然函数 $L(\boldsymbol{x}|\boldsymbol{d})$；$c$ 为归一化常数，使后验分布的概率密度函数的积分为 1，一般不需要求解。

2）似然函数求解

假设已建立了随机变量 x 和现场信息 d 之间的预测模型。模型输入为 n 维随机变量 $\boldsymbol{x} = \{x_1, x_2, \cdots, x_n\}$，模型预测值为 $\boldsymbol{F}(\boldsymbol{x}) = \{F_1(\boldsymbol{x}), F_2(\boldsymbol{x}), \cdots, F_{N_d}(\boldsymbol{x})\}$，现场信息为 $\boldsymbol{d} = \{d_1, d_2, \cdots, d_{N_d}\}$（其中，$N_d$ 表示监测值数量）。那么 $\boldsymbol{F}(\boldsymbol{x})$ 和 $\boldsymbol{d}$ 之间的误差 e 满足均值为 0 的 N_d 维高斯分布：

$$\boldsymbol{e} = \boldsymbol{d} - \boldsymbol{F}(\boldsymbol{x}) \sim N_{Nd}(\boldsymbol{0}, \boldsymbol{\Sigma}) \qquad (5\text{-}16)$$

式中，$\boldsymbol{\Sigma}$ 为误差 e 的协方差矩阵，一般假设其为主对角线元素为 σ_i^2 的对角阵，$\boldsymbol{\Sigma} = \mathrm{diag}\left(\sigma_1^2, \sigma_2^2, \cdots, \sigma_{N_d}^2\right)$，$\sigma_i = \mathrm{Cov}_e \times d_i$；$\mathrm{Cov}_e$ 为监测数据 d_i 的变异系数。

因而，似然函数可表示为

$$L(\boldsymbol{x}|\boldsymbol{d}) = \frac{1}{2\pi^{Nd/2}\det\left(\boldsymbol{\Sigma}^{1/2}\right)} \cdot \exp\left\{-\frac{1}{2}[\boldsymbol{d} - \boldsymbol{F}(\boldsymbol{x})]^{\mathrm{T}}\boldsymbol{\Sigma}^{-1}[\boldsymbol{d} - \boldsymbol{F}(\boldsymbol{x})]\right\} \qquad (5\text{-}17)$$

式中，$\det(\square)$ 为行列式计算；$\boldsymbol{\Sigma}$ 含义同式（5-16）。

在参数随机场反演时，现场信息 d 可选为参数试验值或者位移、孔压等监测值。前者适用于现场试验数据量比较充足的情况，且反演过程不需调用有限元程序，反演效率更高；后者则适用于现场试验数据量不足，但现场物理力学响应监测设备布置到位的情形。

3）后验分布采样

针对随机变量 x 的高维度特性以及模型的复杂性，马尔可夫链蒙特卡罗（Markov chain Monte Carlo，MCMC）方法常被用来求解贝叶斯后验概率分布问题（Vrugt et al.，2009），该方法的基本原理是一条马尔可夫链在搜索空间内随机搜索，并以一定的接受率（Metropolis 算法）接受新样本，搜索到的样本将逐步迭代至稳定的后验概率分布。由于传统的 MCMC 方法存在搜索效率和精度较低等问题，Vrugt 等（2009）及 Laloy 和 Vrugt（2012）提出了一种基于种群进化框架的自适应差分进化学习策略（differential evolution adaptive metropolis，DREAM）改进 MCMC 算法，该算法可并行多条马尔可夫链开展全局搜索，并在此过程中自适应地调节搜索方向和步长，针对解决高维、非线性问题具有较好的适用性。因此，这里选用该算法来进行随机变量 x 的后验概率分布采样。该算法的主要步骤如下。

（1）利用先验分布生成初始样本 $X_{n\times m}=\left[x_0^{(1)},x_0^{(2)},\cdots,x_0^{(m)}\right]$，其中，$n$ 为随机变量 x 的维度；m 为马尔可夫链数量。

（2）利用式（5-15）计算各条马尔可夫链初始后验概率密度 $\mathrm{pdf}\left(x_0^{(i)}\right)$（$i=1,2,\cdots,m$）。

（3）MCMC 差分进化迭代（循环 $t=1,2,\cdots,T$）

a. 生成第 t 次循环的候选样本 $z_t^{(i)}$：

$$z_t^{(i)}=x_{t-1}^{(i)}+(I_n+e_n)\gamma(\delta,n')\left[\sum_{j=1}^{\delta}x_{t-1}^{r_1(j)}-\sum_{k=1}^{\delta}x_{t-1}^{r_2(k)}\right]+\varepsilon_n \tag{5-18}$$

式中，$x_{t-1}^{(i)}$ 为第（$t-1$）次迭代时第 i 条的马尔可夫链值；I_n 为元素全为 1 的 n 维向量；e_n 为服从 n 维均匀分布 $U_n(-b,b)$ 的 n 维随机数向量；ε_n 为服从 n 维正态分布 $N_n(0,b^*)$ 的 n 维随机数向量；b 和 b^* 均为非常小的数（相对于目标分布的宽度）；γ 是 δ 和 n' 的函数，$\gamma=2.38/\sqrt{2\delta n'}$（每迭代 5 次令 $\gamma=1$），δ 是被用于生成样本的平行链对数，n' 是被更新的变量数量［以一定的交叉概率 CR 选取需要更新的变量，CR 可自适应调节（Vrugt et al.，2009）］；$x_{t-1}^{r_1(j)}$ 和 $x_{t-1}^{r_2(k)}$ 表示第（$t-1$）次迭代时被抽中的第 $r_1(j)$ 条和第 $r_2(k)$ 条马尔可夫链，$r_1(j)\neq r_2(k)\neq i$。

b. 计算候选样本 $z_t^{(i)}$ 的 MH（Metropolis Hastings）采样接收率 $\alpha\left(x_{t-1}^{(i)},z_t^{(i)}\right)$：

$$\alpha\left(x_{t-1}^{(i)},z_t^{(i)}\right)=\begin{cases}\min\left[\dfrac{\mathrm{pdf}(z_t^{(i)})q(x_{t-1}^{(i)}\mid z_t^{(i)})}{\mathrm{pdf}(x_{t-1}^{(i)})q(z_t^{(i)}\mid x_{t-1}^{(i)})},1\right]=\min\left[\dfrac{\mathrm{pdf}(z_t^{(i)})}{\mathrm{pdf}(x_{t-1}^{(i)})},1\right] & ,\mathrm{pdf}(x_{t-1}^{(i)})>0\\[4mm]1 & ,\mathrm{pdf}(x_{t-1}^{(i)})=0\end{cases}$$

$$\tag{5-19}$$

式中，$q(\square\mid\square)$ 表示建议分布（proposal distribution）；$q(x_{t-1}^{(i)}\mid z_t^{(i)})=q(z_t^{(i)}\mid x_{t-1}^{(i)})$ 对于对称建议分布（symmetrical proposal distribution）成立，因本方法满足该条件，可

约去该项。MH 采样符合细致平衡（detailed balance）条件，因而可顺利收敛至唯一平稳的目标后验分布。

c. 更新样本

$$
\boldsymbol{x}_t^{(i)} = \begin{cases} \boldsymbol{z}_t^{(i)} & , \text{rand} \leqslant \alpha\left(\boldsymbol{x}_{t-1}^{(i)}, \boldsymbol{z}_t^{(i)}\right) \\ \boldsymbol{x}_{t-1}^{(i)} & , \text{rand} > \alpha\left(\boldsymbol{x}_{t-1}^{(i)}, \boldsymbol{z}_t^{(i)}\right) \end{cases} \tag{5-20}
$$

式中，$\boldsymbol{x}_t^{(i)}$ 为第 t 次迭代时第 i 条马尔可夫链的新值，rand 为（0, 1）内的随机数。

（4）Gelman-Rubin 收敛诊断（Gelman and Rubin，1992；茆诗松和汤银才，2012），取每条链后 50%的样本计算潜在刻度减小因子 $\sqrt{\hat{R}}$（potential scale reduction factor，PSRF）：

$$
\sqrt{\hat{R}} = \sqrt{\left(\frac{T-1}{T} + \frac{m+1}{mT}\frac{B}{W}\right)} \tag{5-21}
$$

$$
\frac{B}{T} = \sum_{i=1}^{m} \frac{(u^{(i)} - \bar{u})^2}{m-1} \tag{5-22}
$$

$$
W = \sum_{i=1}^{m} \frac{s^{(i)2}}{m} \tag{5-23}
$$

$$
u^{(i)} = \frac{1}{T}\sum_{j=1}^{T} x_j^{(i)} \tag{5-24}
$$

$$
\bar{u} = \frac{1}{mT}\sum_{i=1}^{m}\sum_{j=1}^{T} x_j^{(i)} \tag{5-25}
$$

$$
s^{(i)2} = \sum_{j=1}^{T} \frac{(x_j^{(i)} - u^{(i)})^2}{T-1} \tag{5-26}
$$

式中，$\dfrac{B}{T}$ 为链间方差；W 为链内方差；m 为马尔可夫链数量；T 为马尔可夫链长度（迭代总数）；$x_j^{(i)}$ 为某一感兴趣的量（第 i 条链第 j 次迭代值），可为某待反演随机变量或是某处的模型计算值。实际使用时，常以 $\sqrt{\hat{R}}$ 稳定小于 1.1 或 1.2 作为链收敛的标准，若收敛性不满足则重新进入步骤（3）。

（5）截取收敛部分的马尔可夫链值，生成随机变量 x 的后验概率分布。

4）算法程序验证

根据上述 DREAM 算法的基本原理，编写了相关程序，对所编制的程序进行算例验证。

假设后验分布分别为标准正态分布和均匀分布 U（-4, 4），分别将这两个分布作为先验分布（此处先验分布也可为其他分布），生成了一组初始样本（一组为 10 个样本，对应 10 条马尔可夫链，每个样本为一个变量 X），利用编写的 DREAM 算法程序对后验分布进行采样,计算条件如下:迭代优化次数 T 为 5000 次，马尔可夫链数量 m 为 10 条，被用于生成样本的平行链对数为 3 对，和分别取为 0.1 和 10^{-12}，交叉概率 CR 自适应调节参数（Vrugt et al.，2009）和分别取为 3 和 0.2。采样结果显示如图 5-11 所示，大约迭代至 25 代以后，PSRF 稳定小于 1.2，表明马尔可夫链已达到收敛标准，截取收敛部分的马尔可夫链值，生成变量 X 的后验概率采样分布，采样分布和目标分布基本吻合，验证了所编制算法程序的可靠性。

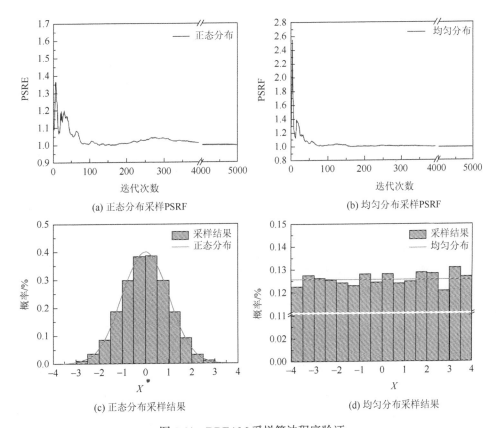

图 5-11　DREAM 采样算法程序验证

5.3.2　基于参数试验值的力学参数随机反演

如前所述，当现场试验数据量比较充足时，可基于参数试验值开展堰塞坝空间变异力学参数随机反演。其基本思路是：将式（5-16）所示的似然函数中的现

场信息 d 取为参数试验值，基于式（5-1）建立随机参数 ξ 和力学参数场之间的计算模型，再使用 DREAM 方法采样得到随机参数 ξ 的后验概率分布，最终将随机参数 ξ 的后验均值代入计算模型，得到堰塞体的力学参数反演场。

选取图 5-10 中 DAM-M 区域的力学参数随机场反演来分析该方法的具体应用及效果。反演时假设力学参数之间不存在相关性，各参数的随机场可独立反演。下述仅以参数 K_b 的随机场反演为例（其他参数的反演与此类似）。

首先设置两套参数试验测点布置方案，以对比不同测点布置密度对反演结果的影响（图 5-12）。第一套布置方案为 5 个钻孔，位置为 $x = 574.9$m、644.9m、714.9m、784.9m 和 854.9m，分别在 $y = 6.0$m、16.0m、26.0m 和 36.0m 处取样试验，共 20 个测点，水平间距为 70.0m，竖向间距为 10.0m，分别等于参数随机场各向的波动范围；第二套布置方案为 9 个钻孔，位置为 $x = 574.9$m、614.9m、644.9m、684.9m、714.9m、754.9m、784.9m、824.9m 和 854.9m，分别在 $y = 6.0$m、16.0m、26.0m 和 36.0m 处取样试验，共 36 个测点，对方案一的水平布置进行了加密，水平间距为 35.0m 左右（为水平波动范围 δ_x 的 0.5 倍）。

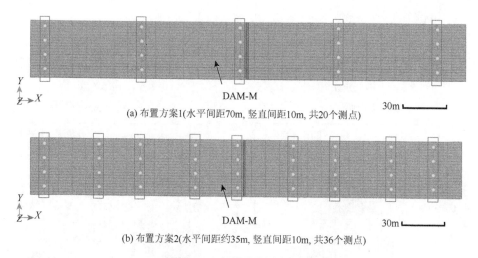

(a) 布置方案1(水平间距70m，竖直间距10m，共20个测点)

(b) 布置方案2(水平间距约35m，竖直间距10m，共36个测点)

图 5-12　参数试验测点布置

为生成参数 K_b 的目标随机场，生成一组随机变量 ξ，参数均值、方差和相关距离取值按 5.2 节的算例，利用式（5-1）可得到参数 K_b 的空间分布（图 5-13）。将目标随机场测点位置的参数值作为假想的参数试验值，利用 DREAM 方法对参数 K_b 的空间分布进行随机反演。计算条件如下：迭代优化次数 T 为 5000 次，马尔可夫链数量 m 为 10 条，被用于生成样本的平行链对数 δ 为 3 对，b 和 b^* 分别取为 0.1 和 10^{-12}，交叉概率 CR 自适应调节参数 n_{CR} 和 p_g 分别取为 3 和 0.2，且假设参数均值、方差和相关距离已知。

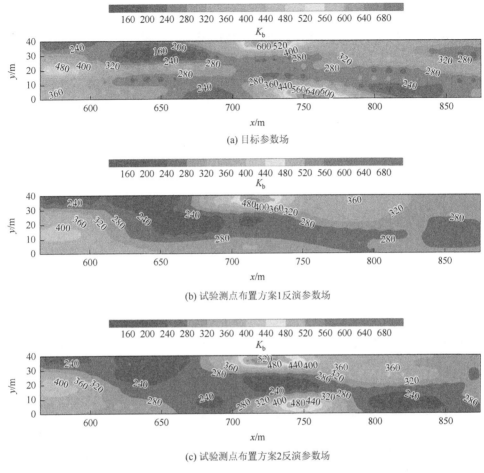

(a) 目标参数场

(b) 试验测点布置方案1反演参数场

(c) 试验测点布置方案2反演参数场

图 5-13　目标参数随机场和反演参数随机场对比

　　当迭代步分别为 4582 和 4862 时，基于两套测点布置方案的所有随机变量的 PSRF 已稳定小于 1.2，表明此时马尔可夫链已达收敛标准，取后 50%的样本生成各随机变量的后验分布，将各后验分布的均值作为各随机变量的反演值，最终反演场计算结果分别如图 5-13（b）和图 5-13（c）所示。较为稀疏的测点布置方案 1，反演场和目标场大体吻合，但是模拟精度不高。例如，对于目标场 $x = 750.0\text{m}$、$y = 3.0\text{m}$ 的峰值区无法进行模拟；而水平向加密的测点布置方案 2，水平向的模拟精度得到了明显提升，但是竖向的精度稍差。图 5-14 更为直观地展示了不同高度处反演场和目标场的区别。可以看出，反演场的模拟精度在测点位置最高，而在非测点处的预测值则和目标值有不同程度的偏差。由于布置方案 1 的布置间距等于随机场波动距离，而随机场的峰区和谷区较大概率刚好位于两侧点间，此时测点处的参数值和极值偏差很大，因而模拟精度最差[图 5-14（a）和图 5-14（b）]，而当随机场的极值点靠近测点位置时，模拟精度较高[图5-14（d）]。由于布置方案2的拟合点数量更多，可更准确地捕捉到随机场的峰区和谷区，即使随机场的极值点刚好位于两侧点间也能获得不错的拟合效果[图5-14（c），$x = 812.0$m 处]，因而布置方案2在非测点处的预测值也更为接近目标值。

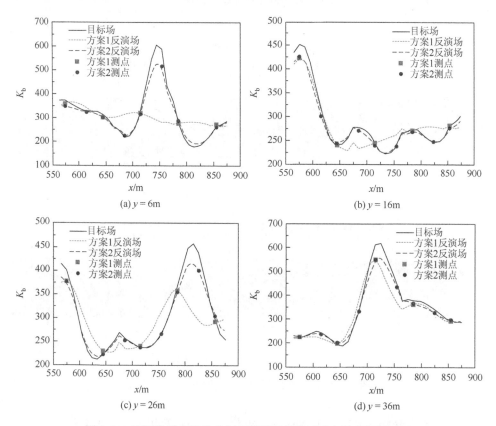

图5-14　不同位置高度处目标参数随机场和反演参数随机场对比

从上述分析可以看出，测点布置间距取为波动距离的 0.5 倍相较于取为波动距离，反演精度的提升是明显的。类似地可推断，当竖向布置进一步加密至竖向波动距离的 0.5 倍时，反演精度会进一步改善。

5.3.3　基于位移测值的力学参数随机反演

当现场试验数据量不足而监测数据较充足时，可基于位移监测值进行堰塞坝空间变异力学参数随机反演。其基本思路是：将式（5-16）所示的似然函数中的现场信息 d 取为位移监测值，基于式（5-1）建立随机参数 ξ 和堰塞坝位移随机场之间的计算模型，并使用 DREAM 方法采样得到随机参数 ζ 的后验概率分布，最终将随机参数 ζ 的后验均值代入式（5-1）得到堰塞体的力学参数反演场，将随机参数 ζ 的后验均值代入计算模型，可以得到堰塞坝的位移场。

　　下面也选取图 5-10 中 DAM-M 区域的力学参数随机场反演来分析该方法的具体应用及效果。考虑到施工期的位移监测量对参数的空间变异性更为敏感，因此，这里利用施工期的水平和竖直位移监测量来反演堰塞体的力学参数随机场。为避免随机参数数量过多，下面仅以对位移场影响较大的参数 K_b 的随机场反演为例进行分析。

　　施工期位移测点应布置在受随机场作用最明显的区域，参考图 5-7，拟定位移测点布置如图 5-15 所示，分别在 $y = 26.0\mathrm{m}$、$40.0\mathrm{m}$ 和 $55.0\mathrm{m}$ 处布置水平测线，每条测线在 $x = 644.9\mathrm{m}$、$674.9\mathrm{m}$、$704.9\mathrm{m}$、$734.9\mathrm{m}$、$764.9\mathrm{m}$ 和 $794.9\mathrm{m}$ 这 6 个位置布置测点，各位移测点同时监测水平和竖直相对位移值，这样共可获得 36 个位移监测值。

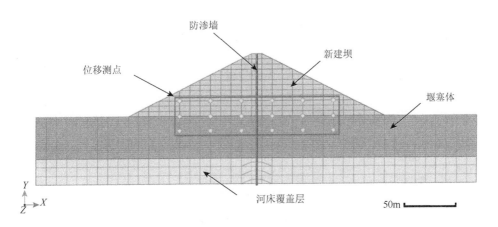

图 5-15　施工期位移测点布置

　　为生成参数 K_b 的目标随机场，生成一组随机变量 ζ，参数均值、方差和相关距离按 5.2 节算例取值，利用式（5-1）得到参数 K_b 的空间分布[图 5-16（a）]。将目标随机场测点位置的相对位移值作为假想的相对位移监测值，利用 DREAM 方法对参数 K_b 的空间分布进行随机反演。

　　考虑到正演计算模型需要反复调用有限元程序，当 DREAM 算法迭代次数较多时，计算效率很低。因此，这里采用智能正反分析法，建立了 1 套神经网络（包含 5 个子神经网络，将其均值作为最终的预测值）来模拟 56 个随机变量和 36 个位移监测量之间的复杂非线性关系，子神经网络均为 56 个输入、36 个输出，各含 100 个神经元的双隐层结构。共生成 10000 组有限元计算样本，分别按 80% 和

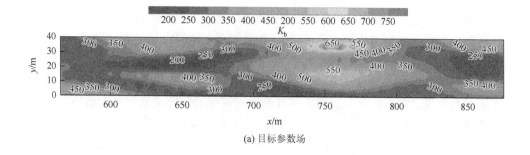

(a) 目标参数场

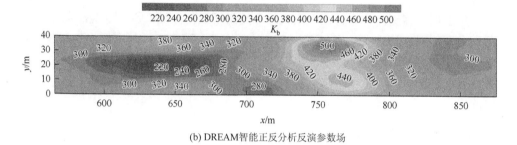

(b) DREAM智能正反分析反演参数场

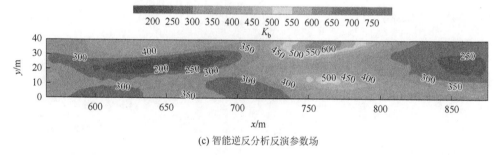

(c) 智能逆反分析反演参数场

图 5-16　目标参数随机场和反演参数随机场对比

20%的比例随机划分训练样本和测试样本,利用归一化后的计算样本训练、测试了 5 个神经网络,利用 Adam 算法迭代优化 5000 次,训练误差均约为 7×10^{-5},测试误差均约为 1×10^{-4},表明神经网络精度较高,且不存在严重的过拟合现象。本次 DREAM 算法的迭代优化次数 T 为 50000 次,其他计算参数同 5.3.2 节。

　　计算结果显示,当 DREAM 采样算法迭代至 6176 步时,所有随机变量的 PSRF 均已稳定小于 1.2,说明此时马尔可夫链已达收敛标准,待迭代完成后,取后 50%的样本生成各随机变量的后验分布,将各后验分布的均值作为各随机变量的反演值,得到如图 5-16(b)所示的反演参数场。可见,反演场和目标场的分布规律大体吻合,峰区和谷区的位置大体相同,但部分极值区模拟效果略差(如目标场 $x = 850.0\text{m}$、$y = 35.0\text{m}$,$x = 850.0\text{m}$、$y = 5.0\text{m}$,以及 $x = 570.0\text{m}$、

$y = 0.0\text{m}$ 的峰值区），且极值有一定的区别，这可能是局部区域的参数对整体位移场影响不大的缘故。

作为对比，同时采用了智能逆反分析法反演该随机场（确定性反演）。建立 1 套神经网络（包含 5 个子神经网络，将其均值作为最终的反演值）来模拟 36 个位移监测量和 56 个随机变量之间的复杂非线性关系，子神经网络均为 36 个输入、56 个输出，各含 100 个神经元的双隐层结构。采用之前的计算样本按 80% 和 20% 的比例生成训练和测试样本，利用 Adam 算法迭代优化 5000 次后，训练误差均约为 0.009，测试误差均约为 0.01，表明神经网络精度较高，且不存在严重的过拟合现象。将目标测值输入训练后的网络，即可快速得到 56 个随机变量的反演值，由此生成了如图 5-16（c）所示的参数反演场。结果表明，反演场和目标场的分布规律大体吻合，极值区的反演结果略好于智能正反分析法，且反演极值更为接近目标极值，但部分极值区仍模拟效果较差（如目标场 $x = 850.0\text{m}$、$y = 35.0\text{m}$，以及 $x = 570.0\text{m}$、$y = 0.0\text{m}$ 的峰值区）。

为了检验反演效果，将基于 DREAM 的随机反演以及基于智能逆反分析法的确定性反演得到的反演参数场分别代入有限元计算得到相应的反演位移场，将反演位移场分别和不考虑参数空间变异性的堰塞坝位移场作差（图 5-17）。结果表明，反演位移场和目标位移场的分布规律及极值区十分接近。此外，对比三条测线处的位移场（图 5-18），也可以看出反演位移场基本已经收敛到了目标位移场，反演效果良好。

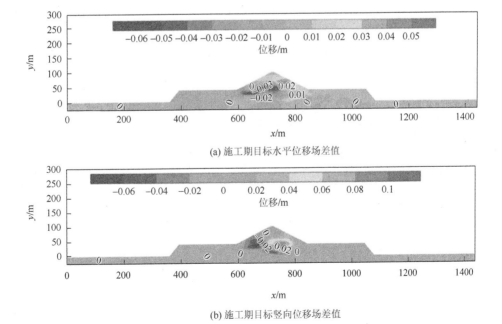

(a) 施工期目标水平位移场差值

(b) 施工期目标竖向位移场差值

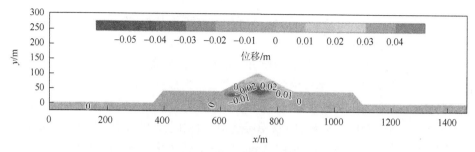

(c) DREAM智能正反分析法
反演施工期水平位移场差值

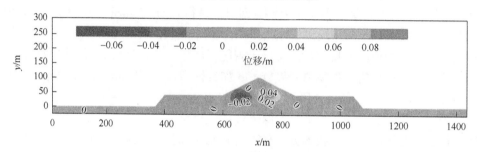

(d) DREAM智能正反分析法
反演施工期竖向位移场差值

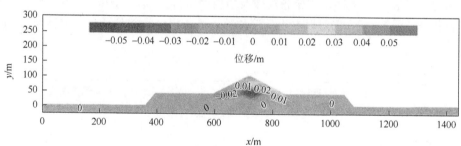

(e) 智能逆反分析法反演
施工期水平位移场差值

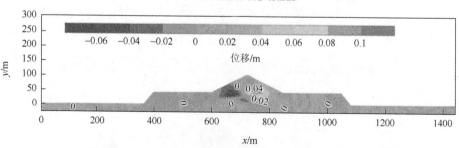

(f) 智能逆反分析法反演
施工期竖向位移场差值

图 5-17　目标位移场及反演位移场和不考虑参数空间变异性时位移场的差值

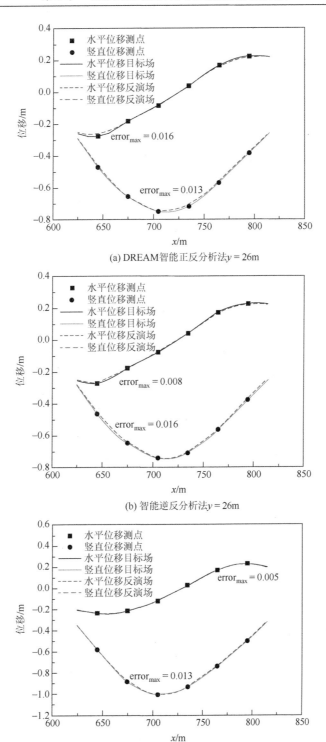

(a) DREAM智能正反分析法y = 26m

(b) 智能逆反分析法y = 26m

(c) DREAM智能正反分析法y = 40m

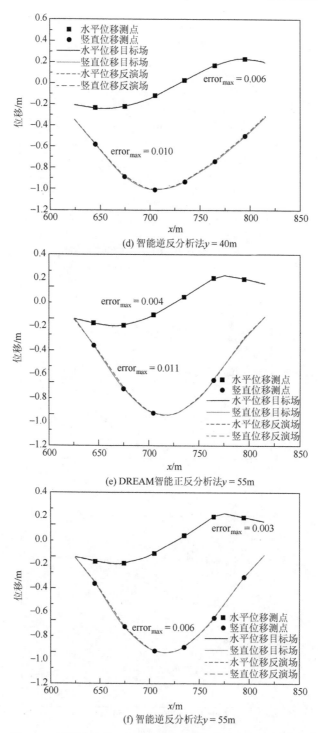

(d) 智能逆反分析法 y = 40m

(e) DREAM智能正反分析法 y = 55m

(f) 智能逆反分析法 y = 55m

图 5-18　不同高度处目标位移随机场和反演位移随机场对比

参 考 文 献

蒋水华，李典庆，周创兵，等. 2014. 考虑自相关函数影响的边坡可靠度分析. 岩土工程学报，36（3）：508-518.

李典庆，蒋水华，周创兵，等. 2013. 考虑参数空间变异性的边坡可靠度分析非侵入式随机有限元法. 岩土工程学报，35（8）：1413-1422.

茆诗松，汤银才. 2012. 贝叶斯统计. 北京：中国统计出版社.

史良胜，杨金忠，陈伏龙，等. 2007. Karhunen-Loeve 展开在土性各向异性随机场模拟中的应用研究. 岩土力学，(11)：2303-2308.

谭晓慧，王建国，刘新荣，等. 2004. 土性相关距离计算方法的分析探讨. 合肥工业大学学报（自然科学版），(11)：1420-1424.

吴振君. 2009. 土体参数空间变异性模拟和土坡可靠度分析方法应用研究. 武汉：中国科学院研究生院（武汉岩土力学研究所）.

Fenton G A，Griffiths D V. 2005. Three-dimensional probabilistic foundation settlement. Journal of Geotechnical and Geoenvironmental Engineering，131（2）：232-239.

Gelman A，Rubin D B. 1992. Inference from iterative simulation using multiple sequences. Statistical Science，7（4）：457-472.

Ghanem R G，Spanos P D. 1991. Stochastic Finite Elements：A Spectral Approach. New York：Springer.

Jha S K，Ching J. 2012. Simulating spatial averages of stationary random field using the Fourier series method. Journal of Engineering Mechanics，139（5）：594-605.

Laloy E，Vrugt J A. 2012. High-dimensional posterior exploration of hydrologic models using multiple-try DREAM (ZS) and high-performance computing. Water Resources Research，48（1）：1-18.

Phoon K K，Huang S P，Quek S T. 2002. Implementation of Karhunen–Loeve expansion for simulation using a wavelet-Galerkin scheme. Probabilistic Engineering Mechanics，17（3）：293-303.

Robin M，Gutjahr A L，Sudicky E A，et al. 1993. Cross-correlated random field generation with the direct Fourier transform method. Water Resources Research，29（7）：2385-2397.

Vrugt J A，Braak C，Diks C，et al. 2009. Accelerating Markov chain Monte Carlo simulation by differential evolution with self-adaptive randomized subspace sampling. International Journal of Nonlinear Sciences & Numerical Simulation，10（3）：273-290.

第6章 堰塞坝安全预警模型与安全评价指标体系

堰塞坝作为一种天然形成的特殊土石坝，具有很高的资源化利用价值，但也往往存在较高的安全风险。为了更好地对堰塞坝进行资源化利用，及时对可能的风险进行预警并采取适当的应对防护措施，对堰塞坝的安全预警模型和安全评价指标体系开展研究是十分必要的。

6.1 堰塞坝安全预警模型的建立

在堰塞坝运行过程中，安全预警模型的功能是：通过监控大坝运行过程中的各项指标（如应力、变形参数、渗流量等）分析出哪些指标是影响大坝安全的关键指标，确定各指标的合理范围，当某项指标达到或超过阈值时，可及时报警。由于缺乏充分的堰塞坝安全监测分析数据，这里以堰塞坝简化模型计算分析结果为基础，提出了一套堰塞坝安全预警模型的建立方法和流程。

6.1.1 预警指标和敏感位置的确定

建立堰塞坝安全预警模型时，首先需要明确预警指标和敏感位置。为此，对建立的堰塞坝简化模型进行有限元数值计算，针对堰塞坝实际运行中的不同阶段，设置了相应的计算工况，通过分析计算结果，确定了预警指标，并进一步找出这些指标最大值出现的位置，作为预警的敏感位置。

1）计算模型和参数

对红石岩堰塞坝参照前述堰塞坝概化模型的形式进行了简化，其中堰塞坝防渗处置方式为对堰塞体加装防渗墙，在滑坡体中布置防渗帷幕。考虑到影响堰塞坝工程安全的主要因素是受力变形和渗流特性，因此针对三维应力变形分析和三维渗流场计算分别建立有限元网格模型（图6-1和图6-2）。

其中，三维应力变形分析模型的几何参数如下：①堰塞坝坝体，堰塞坝底长720.0m，宽120.0m，坝体高84m，上下游坡度均为1.56∶1，坝顶长579m，宽261.0m，形状为左右对称。②滑坡体，堰塞坝坝体左岸与滑坡体底部直接接触，滑坡体坡度约为1.4∶1，最大宽度为130.0m，滑坡体顶部最高处高于堰塞坝坝体顶部195.8m。③河床及覆盖层，河床左、右岸边界到河床中心线的距离均为1300m

左右，覆盖层厚度为 24m。④防渗墙，防渗墙位于河床中心线，即堰塞坝坝体中心，防渗墙与地面垂直，厚度为 1.2m，高度为坝体高度和河床覆盖层高度的总和，即 108m。⑤防渗帷幕，防渗帷幕与防渗墙类似，位于滑坡体的中心线，且垂直于地面，厚度为 1.2m，高度与滑坡体高度相同。

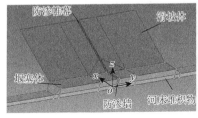

(a) 材料分区示意

(b) 网格划分

图 6-1　应力变形分析简化模型

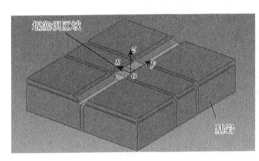

(a) 模型计算范围示意

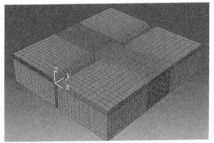

(b) 网格划分

图 6-2　渗流场计算简化模型

三维渗流场计算模型的建立，考虑了堰塞坝在蓄水过程和长期资源化利用中的情况，在上述应力变形分析模型范围的基础上进行了扩大，纳入了堰塞坝核心区域周围 5~6 倍范围内的基岩：①上游：从防渗墙轴线向上游延伸 1400.0m；②下游：从防渗墙轴线向下游延伸 1400.0m；③左岸：从河谷中线向左岸延伸 1300m；④右岸：从河谷中线向右岸延伸 1300m；⑤基岩：厚度取为 540.0m，基岩顶面与滑坡体及堰塞坝顶面平齐。

结合红石岩堰塞坝的地质勘探资料和相关科研成果（张宗亮，2018），采用邓肯-张 E-B 模型作为概化模型中各材料的本构模型，不同分区材料参数取值如表 6-1 所示。

计算过程中，考虑堰塞体的流变。流变模型采用由式（6-1）所示的 7 参数模型：

$$\begin{cases} \varepsilon_{vf}(t) = b\left(\dfrac{\sigma_3}{P_a}\right)^m \left(\dfrac{1}{1-S_1}\right)^\beta (1-e^{-\alpha t}) \\[3mm] \gamma_f(t) = d\left(\dfrac{\sigma_3}{P_a}\right)^n \left(\dfrac{S_1}{1-S_1}\right)^\eta (1-e^{-\alpha t}) \end{cases} \tag{6-1}$$

式中，$\varepsilon_{vf}(t)$ 为流变时的体积应变；$\gamma_f(t)$ 为流变时的剪切应变；P_a 为大气压；α、b、m、β、d、n、η 为模型参数；S_1 为应力水平；σ_3 为围压。流变模型参数参照红石岩堰塞坝研究成果综合拟定，取值见表 6-2。由于古滑坡体和河床堆积体已经经历了很长的地质年代，可认为其不再会因为自重应力而产生流变变形，故计算中不再考虑流变变形。对于位于新滑坡体之下的古滑坡体和古河床堆积体，考虑到其应力状态会由于新滑坡体重量产生相应的增量，因此计算中考虑了它们的部分流变变形，具体取总流变变形的 60%，相应流变起算时间为新滑坡体形成之后。

表 6-1　堰塞坝简化模型应力变形有限元计算邓肯-张 E-B 模型参数

材料	$\varphi_0/(°)$	$\Delta\varphi/(°)$	K	n	R_f	K_b	m
滑坡体	48	7.5	1200	0.28	0.86	600	0.3
堰塞坝坝体	50	9	720	0.26	0.72	320	0.15
河床覆盖层	49	8.8	500	0.27	0.74	280	0.10
防渗帷幕	50	10	3000	0.33	0.80	500	0.18
防渗墙	50	10	3000	0.33	0.80	500	0.18
接触单元	50	9	720	0.26	0.72	320	0.15
沉渣单元	50	9	720	0.26	0.72	320	0.15

表 6-2　堰塞坝简化模型应力变形有限元计算流变模型参数

材料	α	b /%	m	β	d/%	n	η
滑坡体	0.0025	0.0460	0.397	0.952	0.0702	0.407	0.622
堰塞坝坝体	0.0025	0.0959	0.397	0.952	0.1462	0.407	0.622
河床覆盖层	0.0025	0.0828	0.397	0.952	0.1263	0.407	0.622

渗流场计算分析时，参考红石岩堰塞坝工程，拟定各材料的渗透系数取值见表 6-3，吸湿曲线参数见表 6-4。初始边界条件取如下：①计算域的上下游和左右岸边界均视为隔水边界面；底部边界为定水头边界，水头为 0m。②防渗墙轴线上游侧地表，低于河或库水位的点设为已知水头边界，水位为 63m；坝轴线下游侧地表，低于下游水位的点设为已知水头边界条件，水位为 42m，高于下游水位的点为可能渗流逸出面。

表 6-3　堰塞坝简化模型渗流场有限元计算渗透系数

材料名称	渗透系数 k_x /(cm/s)
堰塞坝坝体	8×10^{-2}
滑坡体	2×10^{-1}
河床覆盖层	5×10^{-2}
防渗墙	1×10^{-7}
防渗帷幕	1×10^{-5}
基岩	5×10^{-5}

表 6-4　堰塞坝简化模型渗流场有限元计算吸湿曲线参数

孔压/kPa	饱和度/%
−200	2.1
−150	4.6
−100	10.0
−50	41.7
−20	99.0
0	100

2）应力变形计算分析

计算分析中模拟了堰塞体堆积期和工程蓄水应用期两个阶段（表 6-5）。其中，堰塞体堆积期指堰塞体形成后到混凝土防渗墙开始施工的阶段。在该阶段，堰塞体变形主要由新堰塞体自重作用下发生的流变变形产生。工程蓄水应用期指混凝土防渗墙开始施工以及堰塞水库之后蓄水后的阶段。在蓄水过程中，每个加载级的蓄水速率均为 30 天上升 18m，直至上游水位到 72m。该阶段的计算结果是分析和确定堰塞坝整治工程安全性的重要依据。

表 6-5　堰塞坝简化模型三维应力变形有限元计算分析工况

分期	加载级	上游水位/m	备注
堰塞体堆积期	1～9	0	堰塞体自重流变
	10	0	堰塞体整体位移清零
蓄水应用期	11～14	0～72	工程蓄水
	15	72	工程蓄水完成

对堰塞坝简化模型进行了三维应力变形有限元计算，表 6-6 汇总了堰塞体及防渗墙在不同工况条件下的应力变形特征值，其中堆积期堰塞体变形是指堰塞体形成后所发生的应力变形增量，蓄水应用期堰塞体和防渗墙变形是指混凝土防渗墙建成后所发生的应力变形增量。表 6-7 列出了红石岩堰塞坝实测应力变形结果特征值（张宗亮，2018）。对比计算结果与实测值可见，堰塞坝简化模型呈现的应力位移特征值与实测值接近，平均误差小于 25%；而且计算分析得到的堰塞体及防渗墙的应力变形分布符合一般规律，表明堰塞坝简化模型计算分析结果有较好的代表性和合理性。

表 6-6　堰塞坝简化模型三维应力变形有限元计算结果特征值

分区名称	沉降/cm	顺河向位移/cm		坝轴向位移/cm		大主应力/MPa	小主应力/MPa
		向上游	向下游	向左岸	向右岸		
堆积期堰塞体	38.50	7.21	7.21	1.36	9.35	3.20	1.61
蓄水应用期堰塞体	3.95	0	13.88	3.28	2.01	3.92	2.06
蓄水应用期防渗墙	1.61	0	13.88	3.15	0.41	4.90	2.45

表 6-7　红石岩堰塞坝实测应力变形结果特征值

分区名称	沉降/cm	顺河向位移/cm		坝轴向位移/cm		大主应力/MPa	小主应力/MPa
		向上游	向下游	向左岸	向右岸		
堆积期堰塞体	41.5	5.06	4.62	8.06	14.4	3.41	1.09
蓄水应用期堰塞体	5.95	1.25	9.62	1.78	0.97	3.67	1.21
蓄水应用期防渗墙	2.10	0	9.62	2.75	0.26	12.4	6.30

由于堰塞体与防渗墙的沉降、顺河向位移、坝轴向位移以及大小主应力等 7 项指标在有限元计算分析中呈现出较好的规律性，在不同分析工况下可反映其应力变形特点。而且这些指标较容易进行监测，可通过竖向、水平向位移传感器和应力（压力）计等进行较可靠的连续监测。此外，这些指标随堰塞体堆积和蓄水过程而有较明显的变化，是衡量堰塞体整体安全性的常用安全评价指标。基于以上考虑，确定堰塞坝的安全预警模型选取这 7 项指标作为应力变形安全预警指标。

进一步地，统计汇总各指标特征值出现的位置，见表 6-8。可以看出，各指标特征值所在位置随堰塞体堆积和蓄水过程而变化。这些位置代表着堰塞体及防渗墙在资源化利用过程中最可能发生破坏的位置，应该作为堰塞坝安全预警时的重点关注对象，因此应在堰塞体及防渗墙中各指标特征值所在位置布置相应的监测仪器。如在堰塞体堆积期进行监测时，监测设备应布置堆积体顶部与底部、上下游侧中部与堰塞体的左右岸中部等位置；而在堰塞坝蓄水应用期进行监测时，应在堰塞体底部防渗墙两侧，以及防渗墙中部偏下与河床及岸坡基岩交界等部位，补充布置适当的水平位移及应力监测设备。

表 6-8　堰塞坝简化模型三维应力变形有限元计算结果特征值所在位置

分区名称	沉降	顺河向位移	坝轴向位移	大、小主应力
堆积期堰塞体	堰塞体顶部	堰塞体上下游挡水面中部	滑坡体顶部中点与另一侧堰塞体顶部中点	堰塞体底部
蓄水应用期堰塞体	堰塞体顶部	堰塞体底部防渗墙两侧	堰塞体顶部防渗墙两侧	堰塞体底部防渗墙两侧
蓄水应用期防渗墙	堰塞体顶部	防渗墙中部偏下与河床交界处	防渗墙中部偏下靠近左右岸位置	防渗墙与左右岸基岩交界处

3）渗流场计算分析

考虑到堰塞坝资源化利用过程长期安全有效运行，渗流有限元计算分析设计了以下三种计算工况（表 6-9）：①考虑水库运行期，即水库正常蓄水位运行条件下坝体和坝基的渗流场特性，重点关注渗流场水头分布以及渗透梯度和渗流量的大小；②堰塞坝渗透敏感性分析，考虑水库正常蓄水位下堰塞坝不同渗透特性下库区堰塞坝及坝基的渗透稳定性；③混凝土防渗墙渗透敏感性分析，考虑水库正常蓄水位下防渗墙不同渗透特性下库区堰塞坝及坝基的渗透稳定性。

表 6-9　堰塞坝简化模型三维渗流场有限元计算分析工况

计算工况	工况概述	渗透系数取值
1	基准方案	采用勘察试验结果值（表 6-3）
2	堰塞体渗透性影响	堰塞体渗透系数取勘察结果的 2 倍，即为 1.6×10^{-1} cm/s，其他与基准方案相同
3	防渗墙渗透性影响	防渗墙渗透系数取基准方案的 10 倍，即为 1×10^{-6} cm/s，其他与基准方案相同

对堰塞坝简化模型进行了三维渗流场有限元计算，表 6-10 汇总了防渗墙在不同工况条件下的渗流场计算结果特征值，表 6-11 则给出了这些特征值出现的位置。与前述应力变形预警指标的选取原则类似，表 6-10 中列出的特征值（即防渗墙上下游侧压力水头、渗透坡降、渗漏量）反映了堰塞坝在不同工况下的渗流场主要特征，而且易于监测，可以选为渗流安全预警指标；相应地，可取这些特征值所在位置作为敏感位置。

表 6-10　堰塞坝简化模型三维渗流场有限元计算结果特征值

计算工况	防渗墙最大压力水头/m		防渗墙最大渗透坡降	渗漏量/(cm/s)
	上游侧	下游侧		
1	80.05	26.05	45.00	1.88
2	119.70	53.70	55.00	2.81
3	116.50	62.94	44.63	1.94

表 6-11　堰塞坝简化模型三维渗流场有限元计算结果特征值所在位置

指标名称	最大值出现位置
最大压力水头值（上游）	防渗墙上游侧底部
最大压力水头值（下游）	防渗墙下游侧底部
防渗墙最大渗透坡降	计算得到
渗漏量	堰塞坝挡水面底部

4）不同工况下预警关键指标分析

从上述应力变形和渗流场计算分析结果，确定堰塞应力变形的预警指标有 7 项，即堰塞体的沉降、顺河向位移、坝轴向位移以及大主应力、小主应力；渗流场预警指标有 4 项，即防渗墙两侧压力水头、最大渗透坡降以及渗漏量。然而，需要注意的是，在堰塞坝资源化利用的不同阶段，对堰塞坝安全性影响最大的指标也是不同的。

在堰塞体堆积期，对安全影响最大的指标是坝轴向的位移和顺河向的位移，尤其是向右岸的坝轴向位移。这是因为此时堰塞体的受力主要来源于自身的流变与左岸滑坡体的压迫，如果此时堰塞体自身强度不足，就很容易在自重下产生较大的滑动变形，或是因为滑坡体的推力向右岸产生过大的变形，最终导致破坏。

在蓄水应用期，对坝体稳定安全影响最大的指标变成了堰塞坝的顺河向位移，尤其是向下游的位移。因为在此阶段，堰塞体与滑坡体已经在流变的作用下逐渐变得密实，已经不太容易再发生向两岸的坝轴向位移，也不再容易因为自重流变而产生破坏，所以此时的破坏原因主要来自于蓄水产生的水压力使坝体产生过大的顺河向位移。

在蓄水应用期，对防渗墙安全影响最大的指标是防渗墙面上的大、小主应力。由于防渗墙的材料多为高强混凝土或塑性混凝土，强度和模量较高，在与强度和模量较低的堰塞堆积体和河床沉积物接触时，容易产生局部很大的应力集中现象。所以在此阶段，防渗墙上大、小主应力变化的方差很大，可作为安全预警的重要指标。

渗流场计算结果显示，渗漏量随堰塞体及防渗墙的渗透系数的变化而显著变化，当堰塞体或防渗墙防渗性能较差时，容易导致坝基的渗透破坏，也不能保证坝体的正常拦蓄作用。因此，渗漏量是堰塞坝渗流安全预警的关键指标。

6.1.2　预警权重的确定

1）参数随机化处理

为了模拟堰塞体参数变异性，将堰塞坝简化模型的材料参数按蒙特卡罗方法生成多组方案，再对其进行计算，记录下敏感位置处监测指标的计算结果。其中，堰塞体各项参数的取值范围参考昆明市水利水电勘测设计研究有限公司（简称昆明院）、中国水利水电科学研究院（简称水科院）、清华大学对红石岩堰塞体堆积料、河床冲积层和左岸古滑坡体土料等的实验结果（张宗亮，2018）。实验结果显示，各参数的邓肯-张 E-B 模型参数变化范围如表 6-12 所示，渗透系数变化范围如表 6-13 所示。可以看出，天然堆积形成的堰塞体结构松散，材料参数的变异性大，滑坡体和河床覆盖层材料参数的变异性相对较小。

表 6-12　红石岩堰塞坝各材料力学参数变化范围统计

材料及试验级配		φ_0/(°)	$\Delta\varphi$/(°)	K	n	R_f	K_b	m
滑坡体	下包线	47.2	6.6	580.1	0.26	0.78	254.2	0.17
	平均线	48.0	7.5	1200	0.28	0.86	600	0.3
	上包线	49.0	8.5	1350.0	0.32	0.94	842.3	0.33
堰塞坝坝体	下包线	47.6	6.0	350.1	0.26	0.69	139.8	0.15
	平均线	50.0	9.0	720	0.36	0.72	320	0.21
	上包线	55.1	12.0	1260.3	0.400	0.89	829.8	0.30
河床覆盖层	下包线	48.5	8.2	419.2	0.24	0.70	275.5	0.09
	平均线	49.0	8.8	500.0	0.27	0.74	280	0.10
	上包线	49.5	9.4	580.1	0.30	0.81	300.4	0.12

表 6-13　红石岩堰塞坝各材料渗透参数变化范围统计

材料名称	最小值/(cm/s)	最大值/(cm/s)
堰塞坝坝体	2×10^{-2}	1.6×10^{-1}
滑坡体	1×10^{-1}	4×10^{-1}
河床覆盖层	4×10^{-2}	8×10^{-2}
防渗墙	1×10^{-7}	2×10^{-6}
防渗帷幕	1×10^{-5}	2×10^{-4}

　　进一步地，对各参数的试验结果进行了统计分析，可以看出，各材料参数的变化主要集中在某一较小范围内，出现最大值或最小值的概率较低。图 6-3 给出了昆明院、水科院、清华大学对左岸滑坡体实验结果的统计结果。可以看出，φ_0、$\Delta\varphi$、K、n 等参数均呈现出正态分布特征。各参数的均值 μ 采用试验结果平均值，标准差 σ 取为该参数的最大值与均值之差的一半。将计算得到的正态分布曲线也绘制在图 6-3 中，可以看出，实验统计结果与正态分布曲线吻合较好。

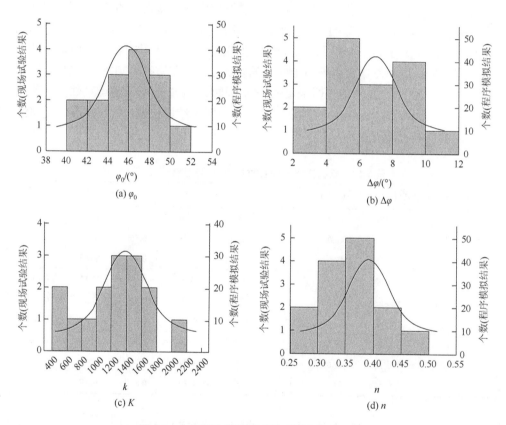

图6-3　红石岩左岸滑坡体实验结果分布规律

　　因此，后续计算分析中，采用正态分布对参数的随机性进行模拟。参数随机取值程序编制时，利用时间种子产生随机因子，通过统计的材料参数的均值和方差将这些随机因子正态化，从而可实现批量生成指定的正态化分布随机数。
　　考虑到结构安全预警要求，将材料参数取用正态化分布的随机数后，将堰塞坝的材料强度采用强度折减法进行折减后再进行应力变形计算，折减系数采用规范中规定的大坝设计安全系数最小值 $F_s = 1.5$。

按上述方法对不同材料参数进行随机取值进行了 200 次计算，计算结果统计表明，各应力变形特征值也大体表现为正态分布，但不同特征值分布的方差（即集中性）有较大差异（图 6-4）。

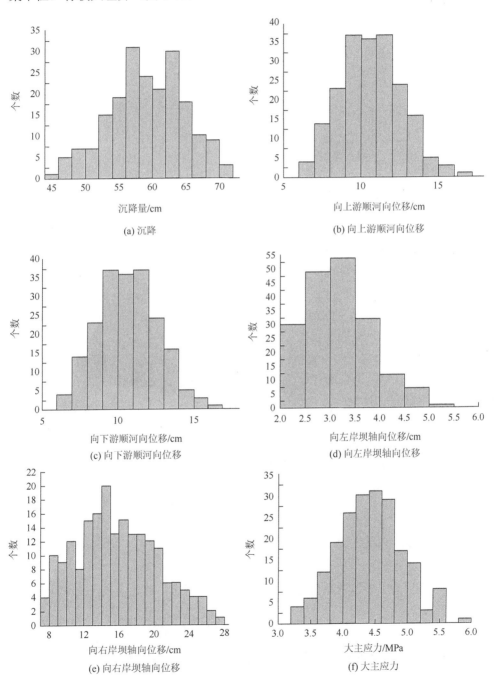

(a) 沉降

(b) 向上游顺河向位移

(c) 向下游顺河向位移

(d) 向左岸坝轴向位移

(e) 向右岸坝轴向位移

(f) 大主应力

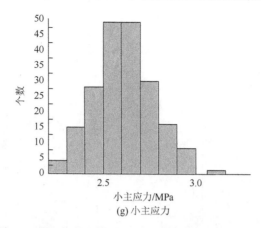

图 6-4 堰塞坝简化模型堆积期计算结果统计分布规律

2）基于广义熵值法的参数敏感性分析

广义熵值法是指用来判断某个指标的离散程度的数学方法（王如宾等，2020）。在信息论中，熵是对不确定性的一种度量。信息量越大，不确定性就越小，熵也就越小；信息量越小，不确定性越大，熵也越大。根据熵的特性，我们可以通过计算熵值来判断一个事件的随机性及无序程度，也可以用熵值来判断某个指标的离散程度，指标的离散程度越大，该指标对综合评价的影响越大，即该指标敏感性越强。因此，可根据各项指标的变异程度，利用信息熵这个工具，计算出各个指标的权重，为多指标综合评价提供依据。

采用 Matlab 编写了广义熵值法的参数敏感性分析程序。具体计算流程如下。

（1）建立评估的原始数据矩阵 X，该矩阵包含了 m 次概化模型计算，n 个指标，将这些数据记为 x_{ij}：

$$X = (x_{ij})_{m \times n} \tag{6-2}$$

（2）对评价指标 x_{ij} 作无量纲化转化，方法为

$$x'_{ij} = \left(x_{ij} - \overline{x_j} \right) / \delta_j \tag{6-3}$$

式中，$\overline{x_j}$ 为第 j 项指标的平均值；δ_j 为第 j 项指标的标准差；x'_{ij} 为无量纲化后的指标值。

（3）将坐标平移以消除负值，指标值 x'_{ij} 经过坐标平移之后变为 x''_{ij}：

$$x''_{ij} = x'_{ij} + k \tag{6-4}$$

式中，k 为坐标平移的幅度，通常由 x'_{ij} 中绝对值最小的值取整得到。

（4）计算指标 x_{ij}'' 的比重 R_{ij}，方法为

$$R_{ij} = x_{ij}'' \Big/ \sum_{i=1}^{m} x_{ij}'' \qquad (6\text{-}5)$$

（5）计算第 j 项指标的熵值 e_j：

$$e_j = -\left(\frac{1}{\ln m}\right) \sum_{i=1}^{m} R_{ij} \ln R_{ij} \qquad (6\text{-}6)$$

式中，可以证明 $e_j \in [0,1]$。

（6）计算第 j 项指标的差异性系数 g_j：

$$g_j = 1 - e_j \qquad (6\text{-}7)$$

式中，当差异性系数 g_j 值越大，则指标 x_j 在风险评估中的重要性就越强。

（7）计算每一个指标 x_j 的权数 ω_j：

$$\omega_j = \frac{g_j}{\displaystyle\sum_{j=1}^{n} g_j} \qquad (6\text{-}8)$$

式中，$j = 1, 2, \cdots, n$。

（8）最后，可以得到堰塞坝的综合风险值 V_i：

$$V_i = \sum_{j=1}^{n} \omega_j R_{ij} \qquad (6\text{-}9)$$

采用上述方法，进行 200 次堰塞坝简化模型应力变形计算，以堰塞体堆积期计算结果为例，由沉降、顺河向位移、坝轴向位移以及大小主应力等 7 项预警指标，建立 200×7 的原始数据矩阵。对原始数据矩阵进行广义熵值法计算，可得各预警指标的预警权重结果（表 6-14）。类似地，可计算出其他时期这些指标以及渗流场预警指标的预警权重，如表 6-15 和表 6-16 所示。

表 6-14　堰塞坝简化模型应力变形指标预警权重计算表

项目名称	沉降	顺河向位移		坝轴向位移		大主应力	小主应力
		向上游	向下游	向左岸	向右岸		
平均值 $\overline{x_j}$	58.54cm	10.53cm	10.53cm	3.02cm	15.09cm	4.39MPa	2.60MPa
标准差 δ_j	4.23cm	1.64cm	1.64cm	0.74cm	4.51cm	0.47MPa	0.26MPa
熵值 e_j	0.821	0.773	0.773	0.731	0.720	0.854	0.853
差异性系数 g_j	0.179	0.227	0.227	0.269	0.280	0.146	0.147
权重 ω_j	0.1214	0.1539	0.1539	0.1824	0.1898	0.0990	0.0997

表 6-15 堰塞坝简化模型应力变形指标预警权重

项目名称	沉降	顺河向位移		坝轴向位移		大主应力	小主应力
		向上游	向下游	向左岸	向右岸		
堆积期堰塞体	0.1214	0.1539	0.1539	0.1824	0.1898	0.0990	0.0997
蓄水应用期堰塞体	0.1698	0	0.2507	0.1434	0.1385	0.1483	0.1493
蓄水应用期防渗墙	0.1545	0	0.1817	0.1338	0.1349	0.1980	0.1970

表 6-16 堰塞坝简化模型渗流场指标预警权重

指标名称	防渗墙最大压力水头		防渗墙最大渗透坡降	渗流量
	上游侧	下游侧		
权重	0.2424	0.2375	0.2404	0.2797

6.1.3 预警阈值的确定

以上述堰塞坝简化模型应力变形分析结果为例，构建了输入层为 7 个神经元，中间层为 13 个神经元，输出层为 1 个神经元的神经网络，利用计算结果对构建的神经网络进行训练。网格的初始连接权重采用（-1，+1）范围内的随机值，网络训练的限定误差 $\varepsilon = 0.1$，惯性调整系数 $\alpha = 0.0001$，学习速率 $\eta = 0.6$。

在前述材料参数随机化的 200 次计算中，出现了 18 次结果不收敛的情况。其中，有 12 次发生于堰塞体堆积期，6 次发生于蓄水应用期，其原因主要是：参数随机化取值时，材料强度低，导致变形过大而破坏；或者材料性质差异较大，导致局部出现应力集中，结果不收敛。为此，确定训练样本时，对于有限元正常计算完成的情况，将输出层设置为 0；对于堆积期破坏的情况，将输出层设置为 1；对于堆积期正常而蓄水期破坏的情况，将堆积期输出层设置为 0，蓄水应用期输出层设置为 1（表 6-17）。

表 6-17 堰塞坝简化模型应力变形安全预警神经网络训练样本

计算工况	分区名称	输入层							输出层
		沉降/cm	顺河向位移/cm		坝轴向位移/cm		大主应力/MPa	小主应力/MPa	模型状态
			向上游	向下游	向左岸	向右岸			
正常	堆积期堰塞体	0.36	0.30	0.25	0.28	0.21	0.32	0.31	0
	蓄水应用期堰塞体	0.30	0	0.20	0.29	0.23	0.34	0.35	0

续表

计算工况	分区名称	输入层							输出层
		沉降/cm	顺河向位移/cm		坝轴向位移/cm		大主应力/MPa	小主应力/MPa	模型状态
			向上游	向下游	向左岸	向右岸			
	蓄水应用期防渗墙	0.29	0	0.21	0.34	0.33	0.41	0.42	0
堆积期破坏	堆积期堰塞体	0.93	0.93	0.98	0.70	0.87	0.59	0.71	1
	蓄水应用期堰塞体	—	—	—	—	—	—	—	—
	蓄水应用期防渗墙	—	—	—	—	—	—	—	—
蓄水期破坏	堆积期堰塞体	0.88	0.74	0.79	0.81	0.61	0.59	0.66	0
	蓄水应用期堰塞体	0.68	0	0.82	0.75	0.55	0.54	0.63	1
	蓄水应用期防渗墙	0.74	0	0.82	0.93	0.53	0.98	0.96	1

利用 200 次参数随机化的计算结果作为样本对神经网络进行训练后，将输出结果量化到(0, 1)内。输出结果越小，表明堰塞坝运行状态越趋于正常，反之则趋向异常。初步拟定将输出结果分为 4 个区间，其中，输出位于(0, 0.3]为正常（无预警），输出位于(0.3, 0.6]为基本正常（黄色预警），输出位于(0.6, 0.8]为异常（橙色预警），输出位于(0.8, 1.0)则为严重异常（红色预警）。

利用训练后的神经网络对堰塞坝应力变形情况进行预测。表 6-18 列举了堰塞体堆积期应力变形计算的 15 组结果及相应的预测值，其中 5 组计算结果为异常（计算不收敛或破坏）。可以看出，训练后神经网络的预测结果与计算结果吻合。对 5 组异常计算结果（即计算不收敛或破坏），均给出橙色或红色的预警结果。

表 6-18　堰塞坝简化模型应力变形安全神经网络预警

沉降/cm	顺河向位移/cm		坝轴向位移/cm		大主应力/MPa	小主应力/MPa	评判结果		
	向上游	向下游	向左岸	向右岸			实际状态	预警结果	预警等级
0.02	0.19	0.11	0.07	0.01	0.12	0.19	正常	0.10	无预警
0.06	0.03	0.18	0.15	0.18	0.01	0.39	正常	0.14	无预警

续表

沉降/cm	顺河向位移/cm		坝轴向位移/cm		大主应力/MPa	小主应力/MPa	评判结果		
	向上游	向下游	向左岸	向右岸			实际状态	预警结果	预警等级
0.18	0.17	0.10	0.18	0.08	0.28	0.19	正常	0.16	无预警
0.40	0.37	0.29	0.20	0.32	0.23	0.13	正常	0.28	无预警
0.37	0.27	0.26	0.34	0.34	0.14	0.27	正常	0.29	无预警
0.31	0.33	0.18	0.34	0.37	0.30	0.41	正常	0.32	黄色预警
0.39	0.58	0.41	0.28	0.54	0.38	0.43	正常	0.43	黄色预警
0.56	0.63	0.42	0.54	0.70	0.52	0.57	正常	0.57	黄色预警
0.74	0.53	0.55	0.40	0.61	0.45	0.31	正常	0.52	黄色预警
0.52	0.61	0.52	0.58	0.55	0.48	0.63	正常	0.56	黄色预警
0.51	0.63	0.57	0.75	0.57	0.76	0.63	异常	0.63	橙色预警
0.60	0.68	0.79	0.75	0.68	0.69	0.65	异常	0.70	橙色预警
0.70	0.79	0.77	0.67	0.62	0.83	0.70	异常	0.72	橙色预警
0.76	0.76	0.93	0.88	0.89	0.96	0.77	异常	0.86	红色预警
0.97	0.82	0.86	0.77	0.88	0.99	0.84	异常	0.87	红色预警

对堰塞坝简化模型渗流场计算分析结果也采用类似的方法进行神经网络训练。构建了输入层为4个神经元，中间层为7个神经元，输出层为1个神经元的神经网络。参考规范《水库大坝安全评价导则》（SL258—2017）中的规定，以平均参数的计算结果作为基准值，当参数随机取值后计算得到的渗漏量大于基准值的1.5倍时，认为达到渗流破坏，输出层设置为1，否则输出层设置为0。类似地，采用训练后的神经网络对渗流场进行了预测，结果如表6-19所示。可以看出，预测效果良好。

表6-19 堰塞坝简化模型渗流场安全神经网络预警

防渗墙最大水头/m		最大渗透坡降	渗流量/(cm/s)	评判结果		
上游侧	下游侧			实际状态	预警结果	预警等级
0.16	0.11	0.12	0.19	正常	0.12	无预警
0.19	0.18	0.01	0.39	正常	0.14	无预警
0.41	0.10	0.28	0.19	正常	0.18	无预警

续表

防渗墙最大水头/m		最大渗透坡降	渗流量/(cm/s)	评判结果		
上游侧	上游侧			实际状态	预警结果	预警等级
0.62	0.29	0.23	0.13	正常	0.25	无预警
0.13	0.26	0.14	0.27	正常	0.27	无预警
0.24	0.18	0.30	0.41	正常	0.30	黄色预警
0.34	0.41	0.38	0.43	正常	0.41	黄色预警
0.34	0.42	0.52	0.57	正常	0.57	黄色预警
0.37	0.55	0.45	0.31	正常	0.52	黄色预警
0.38	0.52	0.48	0.63	正常	0.56	黄色预警
0.39	0.57	0.76	0.63	异常	0.63	橙色预警
0.43	0.79	0.69	0.65	异常	0.70	橙色预警
0.53	0.77	0.83	0.70	异常	0.75	橙色预警
0.64	0.93	0.98	0.77	异常	0.86	红色预警
0.64	0.86	0.99	0.84	异常	0.90	红色预警

由上述神经网络量化后的评判区间对结果进行推算，进一步计算可得出各预警指标的预警阈值。预警阈值同样划分为无预警、黄色预警、橙色预警和红色预警 4 个等级。当预警指标达到预警阈值时，即可及时给出对应等级的报警。以前述堰塞坝简化模型在堰塞体堆积期应力变形和渗流场计算分析结果为例，可得到各预警指标的预警阈值，如表 6-20 和表 6-21 所示。

表 6-20　堰塞坝简化模型应力变形指标预警阈值

项目名称	沉降/cm	顺河向位移/cm		坝轴向位移/cm		大主应力/MPa	小主应力/MPa
		向上游	向下游	向左岸	向右岸		
无预警	<54.68	<9.07	<9.18	<2.16	<6.36	<3.94	<2.45
黄色预警	(54.68, 58.96)	(9.07, 11.61)	(9.18, 11.36)	(2.16, 3.54)	(6.36, 15.73)	(3.94, 4.69)	(2.45, 2.75)
橙色预警	(58.96, 61.81)	(11.61, 13.30)	(11.36, 12.82)	(3.54, 4.47)	(15.73, 21.98)	(4.69, 5.19)	(2.75, 2.95)
红色预警	>61.81	>13.30	>12.82	>4.47	>21.98	>5.19	>2.95

表 6-21　堰塞坝简化模型渗流场指标预警阈值

项目名称	防渗墙最大水头/m		最大渗透坡降	渗流量/(cm/s)
	上游侧	下游侧		
无预警	<98.3	<23.8	<51.2	<1.88
黄色预警	(98.3，116.1)	(23.8，43.2)	(51.2，55.0)	(1.88，2.35)
橙色预警	(116.1，119.5)	(43.2，63.9)	(55.0，60.0)	(2.35，2.82)
红色预警	>119.5	>63.9	>60.0	>2.82

6.2　堰塞坝安全评价指标体系

目前对堰塞坝进行的安全评价主要是基于经验公式和理论推导的快速评价法（Casagli and Ermini，1999；Ermini and Cosagli，2003；钟启明和单熠博，2019；Korup，2004；Dong et al.，2011；Stefanelli et al.，2016），这类方法的优点在于使用方便，运用的参数较少，能以很快的速度给出堰塞坝的安全等级，但它们的缺点也很明显，就是评价不够全面，往往只是基于一个侧面就对堰塞坝总体进行评价。

而目前规范中，土石坝的安全评价指标体系主要运用的方法是层次分析法，这种方法的使用已经较为成熟且有着一套完整的理论体系（王志涛等，2011）。而当应用于堰塞坝的安全评价时，主要存在以下两点问题。

层次分析法最大的问题是某一层次评价指标很多（如 4 个以上）时，其思维一致性很难保证。而对于堰塞坝，评价指标多于 4 个是经常出现的情况。在这种情况下，将模糊法与层次分析法的优势结合起来形成的模糊层次分析法，将能很好地解决这一问题。

由于堰塞坝在材料参数、结构特点、施工方式上的独特性质，原本规范中的许多指标（如混凝土结构质量安全评价、金属结构安全评价）不再使用，需要对其中的标准和准则作一些修改，同时，也需要新增一些评价指标，这将在评价体系的建立过程中作详细介绍。

综合以上分析，本节考虑借鉴土石坝安全评价指标体系的建立规范，使用模糊层次分析法对堰塞坝安全评价指标体系进行构建。

6.2.1　安全评价指标的确定

借鉴土石坝的安全评价指标体系，通过层次分析法建立堰塞坝安全评价的三级指标。主要参考规范包括《水库大坝安全评价导则》（SL258—2017）、《堰塞湖风险等级划分与应急处置技术规范》（SL450—2021）、《土石坝安全监测技术规范》（SL551—2012）、《碾压式土石坝设计规范》（NB/T 10872—2021）、《水利水电工程地质勘察规范》（GB 50487—2008）等。

建立的评价指标体系的层次分级如下。

一级指标为堰塞体安全评价，是本指标体系的总指标。

二级指标有 5 项，分别为堰塞体危险性判别、结构安全评价、渗流安全评价、防洪安全评价以及运行管理安全评价。相比于现有的土石坝安全评价指标体系，添加了堰塞体危险性判别来反映堰塞坝的独有特征；删去了抗震安全复核评价、金属结构安全评价，以及工程质量安全评价中的部分条目；对结构安全评价、渗流安全评价、防洪安全评价中的三级指标数量也进行了修改。最终确定的二级指标中，堰塞体危险性判别参考了堰塞坝风险等级相关规范，防洪安全评价和运行管理安全评价参考了现有土石坝安全评价指标体系相关规范，结构安全评价和渗流安全评价参考了现有规范和有限元计算结果综合确定。

三级指标共 18 项，分别对应于 5 项二级指标，具体情况如图 6-5 所示。

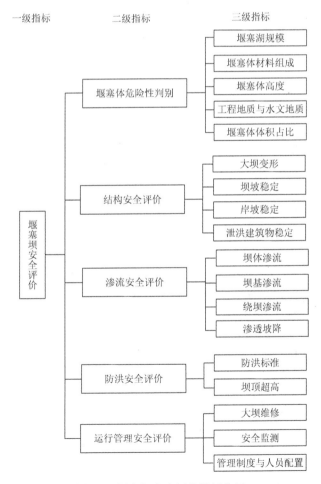

图 6-5　堰塞坝安全评价指标分级

6.2.2　安全评价指标的定量标准

对堰塞坝进行系统且准确地安全评价，必须定量确定各项三级安全评价指标。综合参考相关规范及文献，拟定各指标的定量方式如表 6-22～表 6-26 所示。

表 6-22　堰塞体危险性判别指标定量标准

三级指标	定量依据	定量标准	分级
堰塞湖规模	堰塞湖库容 $V/10^8\mathrm{m}^3$	$V{\geqslant}1.0$	大型
		$1.0{>}V{\geqslant}0.1$	中型
		$0.1{>}V{\geqslant}0.01$	小（1）型
		$V{<}0.01$	小（2）型
堰塞体材料组成	堰塞体材料	以土质为主	不坚固
		土含大块石	较不坚固
		大块石含土	较坚固
		以大块石为主	坚固
堰塞体高度	堰塞体高度 H/m	$H{>}70$	高
		$70{\geqslant}H{>}30$	较高
		$30{\geqslant}H{>}15$	较低
		$H{\leqslant}15$	低
工程地质与水文地质	1.坝基存在软弱夹层或软弱结构面，存在潜在的抗滑稳定问题 2.大坝周边地质条件差，岩层渗透性强，容易引起渗透稳定问题 3.大坝周边存在岩层断裂情况，存在结构稳定问题 4.坝基地质是否会导致不均匀沉降 5.坝基水文地质中地下水的水质问题，是否会影响大坝安全 6.坝基浅层有饱和的沙壤土、细粉砂层等，在震区存在砂土液化问题	不存在以上问题	安全
		存在 1～2 项问题	基本安全
		存在 3～4 项问题	不安全
		存在 4 项以上问题	很不安全
堰塞体体积比	堰塞体体积占坝体总体积的百分比 $n/\%$	$25{>}n{\geqslant}0$	稳定性高
		$50{>}n{\geqslant}25$	稳定性较高
		$75{>}n{\geqslant}50$	稳定性一般
		$100{>}n{\geqslant}75$	稳定性差

表 6-23　结构安全评价指标定量标准

三级指标	定量依据	定量标准	分级
大坝变形	1.大坝总体变形性状及坝体沉降是否稳定 2.大坝防渗体是否产生影响大坝安全的裂缝 3.大坝监测资料是否到位	以上三点完全符合要求	安全
		有一点不满足要求，存在安全隐患	基本安全
		有两点不满足要求，存在较大安全隐患	不安全
		有三点不满足要求，存在严重安全隐患	很不安全
坝坡稳定	通过监测资料，稳定计算所得到的坝体抗滑稳定系数	安全系数远远大于规范标准（>1.25 倍）	安全
		安全系数略大于规范标准（为标准规定的 1.10～1.25 倍）	基本安全
		安全系数与规范标准一般大（为标准规定的 1～1.10 倍）	不安全
		安全系数小于规范标准	很不安全
库岸稳定及泄洪建筑物稳定	1.库岸有无滑坡体或潜在滑坡体 2.有无监测分析滑坡体的表面位移、深层位移、裂缝开合度等 3.有无对滑坡体进行地质勘测，进行边坡稳定分析	以上三点完全符合要求	安全
		有一点不满足要求，存在安全隐患	基本安全
		有两点不满足要求，存在较大安全隐患	不安全
		有三点不满足要求，存在严重安全隐患	很不安全

表 6-24　渗流安全评价指标定量标准

三级指标	定量依据	定量标准	分级
坝体渗流 坝基渗流 绕坝渗流 渗透坡降	通过监测资料，渗流计算和水库巡查资料分析 评价标准依据渗漏量大小与库容关系来判断	渗漏量可以忽略不计	安全
		渗漏量很小，不引起不良渗压	基本安全
		渗漏量小，产生正常渗压	不安全
		渗漏量较大，产生的渗透压力对大坝有安全危害	很不安全

表 6-25　防洪安全评价指标定量标准

三级指标	定量依据	定量标准	分级
防洪标准	1.水库防洪标准是否满足规范要求 2.调洪演算洪峰流量是否与设计洪水一致 3.调洪计算推求的设计和校核水位是否准确	以上三点完全符合要求	安全
		有一点不满足要求，存在安全隐患	基本安全
		有两点不满足要求，存在较大安全隐患	不安全
		有三点不满足要求，存在严重安全隐患	很不安全
坝顶超高	坝顶安全裕量	坝顶安全裕量远远大于规范（>1.25 倍）	安全
		坝顶安全裕量大于规范 （为标准规定的 1.10～1.25 倍）	基本安全
		坝顶安全裕量与规范一般大 （为标准规定的 1～1.10 倍）	不安全
		坝顶安全裕量小于规范	很不安全

表 6-26　运行管理安全评价指标定量标准

三级指标	定量依据	定量标准	分级
大坝维护	1. 对大坝和附属建筑物,以及大坝安全所必需的相关设备应经常维修,保证其处于完整和安全的工作状态 2. 对设备定期检查和测试,确保其正常运行	不存在以上问题	安全
		存在 1 项问题	基本安全
		存在 2~3 项问题	不安全
		存在 4 项以上问题	很不安全
安全监测	1. 对设备定期检查和测试,确保其正常运行 2. 大坝巡视监测的频次、项目、方法符合要求 3. 监测资料及时整编分析	不存在以上问题	安全
		存在 1 项问题	基本安全
		存在 2~3 项问题	不安全
		存在 4 项以上问题	很不安全
管理制度与人员配置	1. 制订了完备的安全管理制度 2. 机构和人员配置合理,岗位职责明确	不存在以上问题	安全
		存在 1 项问题	基本安全
		存在 2~3 项问题	不安全
		存在 4 项以上问题	很不安全

表 6-22 为堰塞体危险性判别中各项三级指标的定量标准。其中,堰塞湖规模、堰塞体材料组成、堰塞体高度这三项的定量标准基于规范《堰塞湖风险等级划分与应急处置技术规范》(SL450—2021);工程地质与水文地质项的定量标准基于《水库大坝安全评价导则》(SL258—2017);堰塞体体积占比项的定量标准基于对现有堰塞坝的资料整理及前述有限元计算分析结果。

表 6-23 为结构安全评价中各项三级指标的定量标准。这些指标在确定时主要基于规范《水库大坝安全评价导则》(SL258—2017)。需要注意的是,表中的坝坡稳定项会随着堰塞湖等级的不同和具体工况的不同而改变。对于Ⅰ级、Ⅱ级、Ⅲ级、Ⅳ级堰塞湖,规范规定的稳定系数为正常情况下为 1.30、1.25、1.20、1.15,非常情况下为 1.20、1.15、1.15、1.10。其中,正常情况是指设计洪水位形成稳定渗流的情况。非常情况有两种,即堰塞湖水位的非常降落与正常情况遇地震。

表 6-24 为渗流安全评价中各项三级指标的定量标准。同样主要基于《水库大坝安全评价导则》(SL258—2017)。原规范中对渗漏量的大小没有明确的数值规定,这里的定量标准采用了前述有限元计算分析结果作为分级参考依据。

表 6-25 为防洪安全评价中各项三级指标的定量标准,在建立时参考了堰塞坝风险等级和土石坝安全评价的相关规范。表中的防洪标准定义如下:对于Ⅰ级、Ⅱ级、Ⅲ级、Ⅳ级堰塞湖,规范规定的洪水重现期(年)为≥20 年、10~20 年、5~10 年、<5 年。表中的坝顶安全裕量,对于Ⅰ级、Ⅱ级、Ⅲ级、Ⅳ级堰塞湖,规范规定的坝顶安全裕量为 1.5m、1.0m、0.7m、0.5m。

表 6-26 为堰塞坝运行管理过程中相关安全评价指标的定量标准，主要规定了人员在大坝维修与安全监测时应遵循的准则。因此本部分的定义大致与规范《水库大坝安全评价导则》（SL258—2017）中相同。

6.2.3　安全评价指标的权重

在确定了每一项指标的等级后，依据模糊层次分析法，可引进模糊一致矩阵。由模糊一致矩阵来判断层次分析法中检验矩阵是否具有一致性。同时，采用该方法还可以确保各元素重要度的相互协调，避免出现 A 比 B 重要，B 比 C 重要，而 C 又比 A 重要的矛盾情况。模糊层次分析法的程序设计思路如图 6-6 所示。

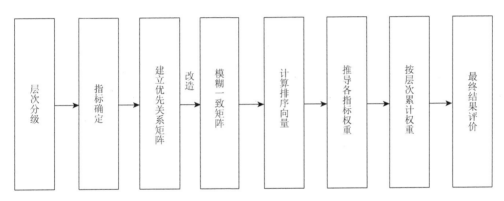

图 6-6　模糊层次分析法基本流程

对于堰塞体危险性判别、防洪安全评价以及运行管理安全评价这 3 项二级指标，采用专家打分法对其中的三级指标进行重要性排序而得到模糊判断矩阵；对于结构安全评价和渗流安全评价这两项二级指标，基于前述堰塞坝简化模型计算结果来确定。最后可得二级指标权重值见表 6-27。

表 6-27　堰塞坝安全评价指标体系二级指标权重值

子系统	堰塞体危险性判别	结构安全评价	渗流安全评价	防洪安全评价	运行管理安全评价
权重值	0.2716	0.2372	0.2112	0.1726	0.1074

参考已有相关规范及堰塞坝简化模型计算结果，确定了各项三级评价指标的权重值，汇总见表 6-28～表 6-32。

表 6-28　堰塞体危险性判别三级指标权重值

子系统	堰塞湖规模	堰塞体材料组成	堰塞体高度	工程地质与水文地质	堰塞体体积占比
权重值	0.3250	0.1839	0.0673	0.2113	0.2125

表 6-29　结构安全评价三级指标权重值

子系统	大坝变形	坝坡稳定	库岸稳定以及泄洪建筑物稳定
权重值	0.3560	0.2180	0.4260

表 6-30　渗流安全评价三级指标权重值

子系统	坝体渗流	坝基渗流	绕坝渗流	渗透坡降
权重值	0.2294	0.2564	0.3258	0.1884

表 6-31　防洪安全评价三级指标权重值

子系统	防洪标准	坝顶超高
权重值	0.6708	0.3292

表 6-32　运行管理安全评价三级指标权重值

子系统	大坝维修	安全检测	管理制度与人员配置
权重值	0.3334	0.2241	0.4425

6.2.4　堰塞坝安全评价案例分析

以红石岩堰塞坝为例,采用所提出堰塞坝安全评价指标体系对其进行安全评价分析,同时也采用目前常用的快速评价方法进行对比,以验证本节提出方法的合理性和优势。

1) 基于提出的堰塞坝安全评价指标体系

按提出的堰塞坝安全评价指标体系,将三级指标的评价值范围限定为(0, 1),并将其划分为 4 个评价等级,即(0, 0.3]为安全(A),(0.3, 0.6]为基本安全(B),(0.6, 0.8]为不安全(C),(0.8, 1.0)为很不安全(D)。选取各区间的中间值作为大坝每种运行状态相应的归化值。即大坝运行安全取 0.15,基本安全取 0.45,不安全取 0.7,很不安全取 0.9。然后采用模糊层次分析法计算各二级指标和最终安全评价结果。计算过程简述如下。

堰塞体危险性判别：$B_1 = (0.9, 0.7, 0.9, 0.9, 0.7)^T \times (0.3250, 0.1839, 0.0673, 0.2113, 0.2125) = 0.8207$

结构安全评价：$B_2 = (0.45, 0.15, 0.15)^T \times (0.3560, 0.2180, 0.4260) = 0.2568$

渗流安全评价：$B_3 = (0.15, 0.7, 0.15, 0.45)^T \times (0.2294, 0.2564, 0.3258, 0.1884) = 0.3475$

防洪安全评价：$B_4 = (0.15, 0.15)^T \times (0.6708, 0.3292) = 0.15$

运行管理安全评价：$B_5 = (0.15, 0.15, 0.15)^T \times (0.3334, 0.2241, 0.4425) = 0.15$

各二级指标的评价可汇总如表 6-33 所示。

表 6-33　堰塞坝安全评价指标体系各二级指标评价结果汇总

评价对象	堰塞体危险性判别	结构安全评价	渗流安全评价	防洪安全评价	运行管理评价
安全评价	D	A	B	A	A

进一步地，由上述二级指标可得最终安全评价结果：$A = (B_1, B_2, B_3, B_4, B_5)^T \times (0.2716, 0.2372, 0.2112, 0.1726, 0.1074) = 0.3992$。

可见，该堰塞坝的评价结果为 B（基本安全），这与红石岩堰塞坝可行性研究（张宗亮，2018）时作出的安全评价风险等级一致。

2）采用快速评价方法

作为对比，对红石岩堰塞坝采用 Casagli 和 Ermini 提出的堆积体指标（barrier-lake index，BI）法（Casagli 和 Ermini，1999）和无量纲堆积体指标（dimensionless barrier-lake Index，DBI）法（Ermini and Casagli，2003）进行快速评价分析。

$$BI = \lg \left(\frac{V_d}{A_b} \right) \tag{6-10}$$

$$DBI = \lg \left(\frac{A_b \times H_d}{V_d'} \right) \tag{6-11}$$

式中，A_b 为流域面积，单位为 km^2，这里取 $25km^2$；V_d 为堰塞坝体积，单位为 m^3，V_d' 同样为堰塞坝体积，单位为 $10^6 m^3$，这里取 $1.2 \times 10^7 m^3$；H_d 为堰塞坝高度，单位为 m，这里取 103m。

由此，可计算得到 $BI = 5.68 > 5$，按 BI 法评判为稳定。$DBI = 2.33 < 2.75$，由 DBI 法评判也是稳定。

也可采用 Korup（2004）提出的评价方法进行计算。

$$I_s = \lg\left(\frac{H_d^3}{V_1}\right) \tag{6-12}$$

$$I_a = \lg\left(\frac{H_d^2}{A_b}\right) \tag{6-13}$$

$$I_r = \lg\left(\frac{H_d}{H_r}\right) \tag{6-14}$$

式中，V_1 为堰塞湖体积，单位为 $10^6 \mathrm{m}^3$，这里取 $2.6 \times 10^9 \mathrm{m}^3$，其余指标同上。

由此，可计算得到 $I_s = 2.62 > 0$，由此评判为稳定。$I_a = 2.63 < 3$，以此评判则为不稳定。$I_r = -1.53 < -1$，以此评判也为不稳定。

还可采用 Stefanelli 等（2016）提出的评价方法进行了计算。

$$\mathrm{HDSI} = \lg\left(\frac{V_d}{A_b \times S}\right) \tag{6-15}$$

式中，S 为河道坡度，单位为（°），这里取 $8.7°$。

由此，计算可得到 $\mathrm{HDSI} = 3.74 < 5.74$，可见评判结果为不稳定。

上述 6 种不同方法的快速评价结果中，有 3 种评判为稳定，而另 3 种则评判为不稳定。可以看出，堰塞坝安全评价的快速评价方法虽然简便，但总体上是基于经验统计的方法，考虑的因素较少，分析时具有一定的片面性。相比较而言，本节提出的堰塞坝安全评价指标体系，综合考虑了与堰塞坝安全相关的各项因素，对堰塞坝的各子系统安全风险均可实现预警，因此其安全评价结果也更加全面且合理。

参 考 文 献

王如宾，万宇，阳龙，等. 2020. 基于模糊层次法和广义熵值法的堰塞坝病险情风险分析. 三峡大学学报（自然科学版），42（4）：16-21.

王志涛，江超，姜晓琳，等. 2011. 基于模糊理论的土石坝风险综合评价方法研究. 水利与建筑工程学报，9（2）：27-30，105.

张宗亮. 2018. 云南省牛栏江红石岩堰塞湖整治工程复杂条件下堰塞体工作性能评估及永久综合治理措施研究. 昆明：昆明勘测设计院有限公司.

钟启明，单熠博. 2019. 堰塞坝稳定性快速评价方法对比. 人民长江，50（4）：20-24，64.

Casagli N，Ermini L. 1999. Geomorphic analysis of landslide dams in the Northern Apennine. Transactions，Japanese Geomorphological Union，20（3）：219-249.

Dong J J，Tung Y H，Chen C C，et al. 2011. Logistic regression model for predicting the failure probability of a landslide dam. Engineering Geology，（117）：52-61.

Ermini L，Casagli N. 2003. Prediction of the behaviour of landslide dams using a geomorphological dimensionless index. Earth Surface Processes and Landforms，28（1）：31-47.

Korup O. 2004. Geomorphometric characteristics of New Zealand landslide dams. Engineering Geology，（73）：13-35.

Stefanelli C T，Segoni S，Casagli N，et al. 2016. Geomorphic indexing of landslide dams evolution. Engineering Geology，（208）：1-10.